ARNO SEMMEL

RELIEF, GESTEIN, BODEN

W0372374

DIE GEOGRAPHIE

Einführungen in Gegenstand, Methoden und Ergebnisse ihrer Teilgebiete und Nachbarwissenschaften

WISSENSCHAFTLICHE BUCHGESELLSCHAFT
DARMSTADT

ARNO SEMMEL

RELIEF, GESTEIN, BODEN

Grundlagen der Physischen Geographie I

WISSENSCHAFTLICHE BUCHGESELLSCHAFT
DARMSTADT

Einbandgestaltung: Studio Franz & McBeath, Stuttgart.

CIP-Titelaufnahme der Deutschen Bibliothek

Grundlagen der physischen Geographie. –
Darmstadt: Wiss. Buchges.
(Die Geographie)
1. Relief, Gestein, Boden / Arno Semmel. – 1991
ISBN 3-534-10504-4
NE: Semmel, Arno

Bestellnummer 10504-4

Das Werk ist in allen seinen Teilen urheberrechtlich geschützt.

Jede Verwertung ist ohne Zustimmung des Verlages unzulässig.
Das gilt insbesondere für Vervielfältigungen,
Übersetzungen, Mikroverfilmungen und die Einspeicherung in
und Verarbeitung durch elektronische Systeme.

© 1991 by Wissenschaftliche Buchgesellschaft, Darmstadt
Gedruckt auf säurefreiem und alterungsbeständigem Offsetpapier
Satz: Setzerei Gutowski, Weiterstadt
Druck und Einband: Wissenschaftliche Buchgesellschaft, Darmstadt
Printed in Germany
Schrift: Linotype Garamond, 10/12

ISSN 0174-0865
ISBN 3-534-10504-4

INHALT

Verzeichnis der Abbildungen		VII
1.	Vom Zweck des Buches	1
2.	Schichtstufenlandschaften	3
2.1	Schichtstufen im mitteleuropäischen Deckgebirge	7
2.2	Schichtstufen in den wechselfeuchten Tropen Afrikas	17
2.3	Schichtstufen in den immerfeuchten Subtropen Brasiliens	25
2.4	Schichtstufen in warmariden Gebieten Afrikas	29
2.5	Schichtstufen im rezenten Periglazialgebiet Nordwest-Kanadas	33
3.	Rumpfflächenlandschaften	36
3.1	Rumpfflächen in Kristallin-Gebieten Westafrikas	37
3.2	Rumpfflächen im Rheinischen Schiefergebirge	51
3.3	Rumpfflächen im Grundgebirge des periglazialen Alaskas	60
4.	Karstlandschaften	62
5.	Glaziallandschaften	69
5.1	Glaziale Ausräumungslandschaft in Lappland	76
5.2	Glaziale Aufschüttungslandschaften im Norddeutschen Tiefland	79
5.2.1	Jungmoränenlandschaft in Schleswig-Holstein	80
5.2.2	Altmoränenlandschaft im Nordwestdeutschen Tiefland	89
5.3	Glaziale Aufschüttungslandschaften im Deutschen Alpenvorland	95
5.3.1	Jungmoränenlandschaft im Ammerseegebiet	97
5.3.2	Altmoränenlandschaft im Ammerseegebiet	102

6. Vulkanische Landschaften 110
6.1 Afarsenke in Nordost-Afrika 111
6.2 Das Neuwieder Becken 116
6.3 Vogelsberg und Wetterau 119
6.4 Die südbrasilianische Basaltlandschaft 126

7. Wichtige bodenkundliche Symbole (in Anlehnung an Bodenkundliche Kartieranleitung, 3. Aufl., 1982) . . 132
7.1 Horizontsymbole 132
7.2 Bodenartensymbole 133

Literatur 135

Register 139

VERZEICHNIS DER ABBILDUNGEN

Abb. 1: Grundzüge des Aufbaus von Schichtstufen 4
Abb. 2: Gerinnehierarchie an Schichtstufen 5
Abb. 3: Formen an Schichtstufen 6
Abb. 4: Relief, Gestein und Boden im Hessischen Bergland . . 8
Abb. 5: Stufendifferenzierung an der Schichtstufe des Steigerwaldes 15
Abb. 6: Gesteinswechsel im Unteren Buntsandstein des Odenwaldes 16
Abb. 7: Gesteinsbedingtes welliges Kreide-Relief und seine Auswirkung auf die Böden in Südost-Nigeria 18
Abb. 8: Stufenabfolge mit einigen typischen Böden in Südost-Nigeria 19
Abb. 9: Kalksteinstufe und Böden östlich Harar (Äthiopien) . . 24
Abb. 10: Gesteine und Stufen in Südbrasilien 26
Abb. 11: Rutschende Sandstein-Schollen auf weichem Gestein an der Stufe des Furnas-Sandstein westlich Curitiba (Südbrasilien) 27
Abb. 12: Kalksteinstufe und Böden im Tell-Atlas (Algerien) . . 32
Abb. 13: Quarzit-Stufe und Frostmusterböden in den Richardson Mountains (NW-Kanada) 34
Abb. 14: Zerschnittene Laterit-Fläche mit typischer Bodenverbreitung in Westafrika 41
Abb. 15: Rumpfflächentreppe, Inselberge und Böden in Westafrika 44
Abb. 16: Rumpf- und Bruchstufen 47
Abb. 17: Stufentypen im Rheinischen Schiefergebirge 55
Abb. 18: Pleistozäne Terrassen im Mittelrheintal 56
Abb. 19: Altpleistozäner Rheinmäander bei St. Goarshausen . . 59
Abb. 20: Schematische Darstellung eines Polje 63
Abb. 21: Dinarischer Karst und Kegelkarst 64
Abb. 22: Verschieden alte Salzablaugungen im Fulda-Werra-Bergland 66
Abb. 23: Querschnitt durch ein vergletschertes Kar 71
Abb. 24: Querschnitt durch ein Trogtal 72

Abb. 25: Relief und Sedimente der glazialen Serie, Beispiel Alpenvorland . . . 73
Abb. 26: Verbreitung von Formen der Weichseleiszeit (Jungmoränenlandschaft in Schleswig-Holstein und Mecklenburg) 80
Abb. 27: Sedimente und Bodenabfolgen in einem Urstromtal . . 88
Abb. 28: Altmoräne und Böden in der Geest 90
Abb. 29: Formen und Sedimente der Endmoränen im Ammersee-Gebiet 99
oben: Profilschnitt 99
unten: Flächenhafte Verbreitung 99
Abb. 30: Bodenverbreitung in der Jung- und Altmoränenlandschaft des Ammersee-Gebietes 101
Abb. 31: Bodenfolge auf einer Altmoräne des Ammersee-Gebietes 105
Abb. 32: Terrassen, Lößdecken und fossile Böden im nördlichen Alpenvorland 107
Abb. 33: Querschnitt durch eine asymmetrische Delle auf einer Hochterrasse im nördlichen Alpenvorland 109
Abb. 34: Geologisches Profil durch die Afarsenke (Äthiopien) . 112
Abb. 35: Pultschollen-Relief in der Afarsenke mit Vulkanen und Düne 113
Abb. 36: Verbreitung vulkanischer Erscheinungen in der Afarsenke 114
Abb. 37: Relief, Gestein und Boden in der Afarsenke 115
Abb. 38: Tektonische Störungen und vulkanische Gesteine im Neuwieder Becken 117
Abb. 39: Verbreitung des Laacher Bimstuffes und anderer Vulkane im Neuwieder Becken 118
Abb. 40: Geologisches Querprofil durch Wetterau und Vogelsberg 120
Abb. 41: Relief, Gestein und Boden in der Wetterau und im Vogelsberg 121
Abb. 42: Verbreitung von Rotlehmdecken in einer südbrasilianischen Mulde 128
Abb. 43: Bodenverbreitung auf einer Basaltkuppe auf dem Plateau von Palmas (Südbrasilien) 130
Abb. 44: Relief und Böden bei São Borja, Rio Grande do Sul . . 131

1. VOM ZWECK DES BUCHES

Hiermit wird der erste Teil einer von der Wissenschaftlichen Buchgesellschaft angeregten Einführung in die Physische Geographie vorgelegt. Der zweite Teil ist dem Klima, dem Wasserhaushalt und der Vegetation gewidmet. Der Inhalt des ersten Teils, welcher treffend mit „*Grundzüge einer geoökologisch orientierten Physeographie der Festen Erde*“ beschrieben werden kann, deckt sich allerdings nicht voll mit dem, was üblicherweise unter einer Einführung in Relief, Gestein und Boden zu erwarten ist. Hier werden nicht in den Hauptkapiteln Grundzüge der Geomorphologie, der Geologie und der Bodenkunde dargestellt, vielmehr steht der in zahlreichen Vorlesungen praktizierte Versuch im Vordergrund, in einführender Form die Entwicklung und die Geofaktorenkonstellation von Relief, Gestein und Boden in häufig vorkommenden Landschaftstypen verständlich zu machen unter besonderer Berücksichtigung ihrer Bedeutung für die Nutzung durch den Menschen und der Auswirkung der Nutzung auf die Landschaften. Landschaft wird hier verstanden als ein durch einheitliche Struktur und gleiches geoökologisches Wirkungsgefüge geprägter Teil der Erdoberfläche. Die Bezeichnung „geoökologisches Wirkungsgefüge“ kann auch durch „Landschaftshaushalt“ ersetzt werden. „Geoökologisch orientiert“ bedeutet, sich unter geographisch-geowissenschaftlichen Aspekten mit der räumlichen Differenzierung des Landschaftshaushalts zu beschäftigen.

Die Landschaft und ihr Haushalt werden sehr oft entscheidend vom Relief geprägt, dem, geoökologisch gesehen, „Reglerfunktion“ zukommt. Dabei ist es insbesondere die Reliefgenese, die den heutigen Landschaftshaushalt bestimmt und die räumlichen Differenzierungen verursacht. Großen Einfluß auf das Relief und seine Genese haben Gestein und Boden; der Boden vor allem insofern, als er die Einflüsse von Klima und Vegetation auf die Reliefformung weitergibt. Diesen Einflüssen wird von Klima-Geomorphologen für die Reliefgenese oft größere Bedeutung beigemessen als den Gesteinsunterschieden und dem geologischen Aufbau. Dieser Ansicht wird hier nicht gefolgt. Deshalb gliedert sich der anschließende Haupttext nach Landschaftstypen, deren Struktur und Haushalt überwiegend vom Gestein bestimmt werden. Der Einfluß des Klimas und von ihm abhängiger Faktoren bleibt nachgeordnet, aber nicht unberücksichtigt.

Behandelt werden hier nur terrestrisch geprägte Landschaftstypen, also nicht die marin gestalteten Küstenlandschaften. Einleitend sind in den jeweils einem Landschaftstyp zugeordneten Kapiteln 2 bis 6 die allgemeinen Entwicklungszüge und Charakteristika erörtert. Die eingehendere Behandlung erfolgt dann jedoch am Beispiel real existierender Landschaften. Um es am Beispiel des Landschaftstyps „Schichtstufenlandschaften“ zu verdeutlichen: Nach der allgemeinen Erörterung der Entwicklung und Eigenschaften dieses Landschaftstyps werden die hier im Zentrum stehenden Fragestellungen an mehreren ausgewählten realen Landschaften aus verschiedenen Klimagebieten und mit unterschiedlichem Entwicklungsgang diskutiert. Es handelt sich dabei ausschließlich um Landschaften, die mir aus persönlicher Anschauung bekannt sind. Der dadurch gewonnene unmittelbare Eindruck vermeidet vielleicht die Gefahr, zu schematisch vorzugehen und damit dem Leser ein Bild mitzugeben, das in der Natur an keiner Stelle wirklich existiert. Andererseits ist bei einem solchen Vorgehen die Gefahr nicht auszuschließen, daß nicht sämtliche Vorgänge und Zusammenhänge behandelt werden, deren Erörterung der Leser unter dem Titel des Buches erwartet. Außerdem ist der nicht vorgebildete Leser vielleicht gelegentlich gezwungen, zum besseren Verständnis ein geologisches oder physisch-geographisches Wörterbuch zur Hand zu nehmen.

Das Buch wendet sich an Studierende der Geographie und anderer Geowissenschaften. Es wurde besonders auch geschrieben für Landschaftspfleger, Landschaftsplaner, Biologen und Ökologen, die gelegentlich etwas ratlos Problemen gegenüberstehen, die sich in der Landschaft aus der Verknüpfung von Relief, Gestein und Boden ergeben.

Literatur zu 1: Leser 1976; Semmel 1981; Fränzle 1985; Bremer 1989.

2. SCHICHTSTUFENLANDSCHAFTEN

In den Schichtstufenlandschaften kommt die Bedeutung des geologischen Untergrunds für die Landschaft wohl besonders überzeugend zum Ausdruck. Voraussetzung für die Entwicklung eines solchen Landschaftstyps sind flachlagernde, nicht gefaltete Gesteinspakete, in denen morphologisch weiche, also wenig wasserdurchlässige Sedimente mit morphologisch harten, besser durchlässigen wechseln. Solche flachlagernden Schichten fallen meist geringfügig nach einer bestimmten Richtung ein. Die Ursache dafür kann ein tektonischer Sattel *(Antiklinale)* oder eine tektonische Mulde *(Synklinale)* sein.

Im ersten Fall (Abb. 1) ist auf dem Sattelfirst die Abtragung durch die obere *(hangende)* harte Schicht in die untere *(liegende)* weiche vorgedrungen. Letztere wird bevorzugt ausgeräumt, so daß der Vorfluter bereits die nächstältere, härtere Schicht anschneidet. Diese leistet jedoch größeren Widerstand gegen die Zerschneidung, sie bildet längere Zeit die Denudationsbasis für das höher gelegene Einzugsgebiet, das heißt, die Abtragung kann nur bis zu dieser Tiefe voranschreiten. Für die seitliche Ausräumung des weicheren Gesteins im Hangenden der basalen harten Schicht bleibt dadurch relativ viel Zeit. Je größer die Ausräumung des weicheren Gesteins, desto deutlicher wird die Stufe des darüber gelegenen harten Gesteins herauspräpariert. Bei hinreichender Steilheit lösen sich Partien des harten Gesteins aus dem Schichtenverband und rutschen ab (Rutschungsschollen in Abb. 3). Dabei spielt die Vernässung des liegenden weichen Gesteins eine Rolle, was durch die Ansammlung von Grundwasser im harten Gestein über dem undurchlässigen weichen Gestein bewirkt wird. Das weiche Gestein wird dadurch fließfähig. An Stellen, wo die Grenze zum weichen Gestein besonders tief liegt oder Verwerfungen der Gesteine durch Tektonik für verstärkte Grundwasseransammlung sorgen, kommt es oft zu Quellaustritten. Von hieraus entstehen Tälchen *(obsequent)* (Abb. 2), die

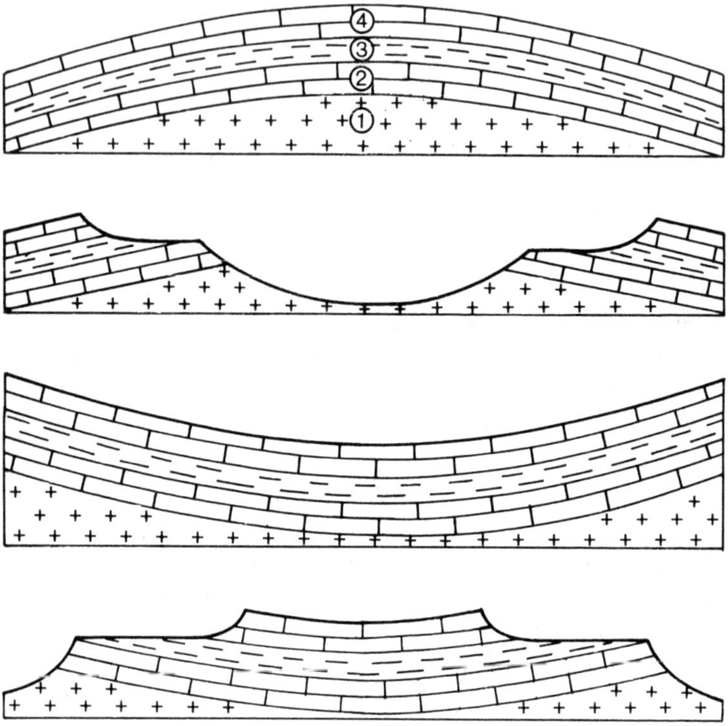

Abb. 1: Grundzüge des Aufbaus von Schichtstufen.

Die beiden oberen Schnitte zeigen die Entwicklung der Stufen aus einem tektonischen Sattel (Antiklinale), die beiden unteren aus einer tektonischen Mulde (Synklinale).
Aus Platzgründen sind die im Text als häufiger vorkommend angeführten verschiedenen Stufenhöhen nicht dargestellt.
1 = weiches kristallines Grundgebirge;
2 = hartes Sedimentgestein;
3 = weiches Sedimentgestein;
4 = hartes Sedimentgestein.

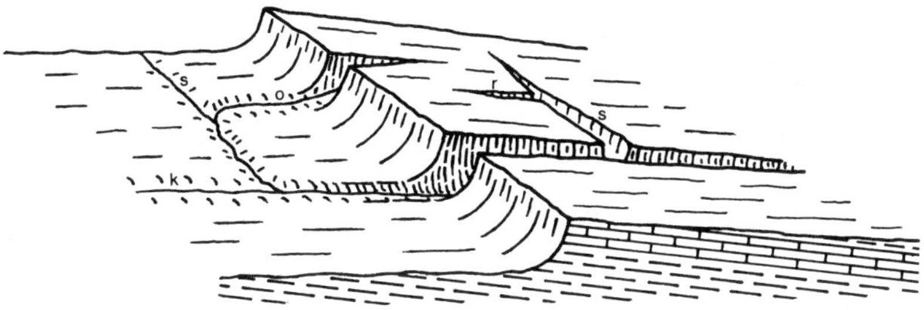

Abb. 2: Gerinnehierarchie an Schichtstufen (Entwurf und Zeichnung: W. F. Bär).

k = konkordanter, s = subsequenter, o = obsequenter, r = resequenter Fluß.

die Stufe von der Front her gliedern. Sie sind den Gerinnen tributär, die parallel zum Stufenrand fließen *(subsequent).*

Ähnlich verläuft die Abtragung auch an den Rück- oder Achterstufen, die sich auf den Flanken des Schichtsattels entwickeln können (Abb. 3). Sie ist in der Regel effektiver als an den Frontstufen, weil durch das Schichteinfallen größerer Wasserzufluß ermöglicht wird. Die hier entstandenen, auf die subsequenten Gerinne und das Schichteinfallen folgenden Tälchen werden *resequent* genannt. Durch sie kann auch die Frontstufe „von hinten" durchbrochen und aufgelöst werden. Dabei werden Teile des Einzugsgebietes der Subsequenz-Täler des Frontstufengebietes angezapft und damit auch das Einzugsgebiet des Hauptvorfluters verringert. Dieser Hauptvorfluter, dem die Subsequenz-Täler tributär sind, verhält sich oft *konsequent*, das heißt, er folgt ähnlich wie die ihm nachgeordneten resequenten Gerinne dem Schichteinfallen.

Die unterschiedliche Abtragung führt zur Entstehung von *Zeugenbergen* (Abb. 3), die als total isolierte Reste der harten Schicht, des *Stufenbildners*, vor der Stufe liegen. Wenn die Isolierung noch nicht vollständig ist, spricht man von *Ausliegern.*

Bei den in tektonischen Sätteln angelegten Schichtstufenlandschaften liegen die proximalen, also die zentralen Stufen oft am höchsten. Ist die Schichtstufenlandschaft dagegen in einer tektonischen Mulde entwickelt, so bilden häufig die distalen Stufen die höchsten Erhebungen.

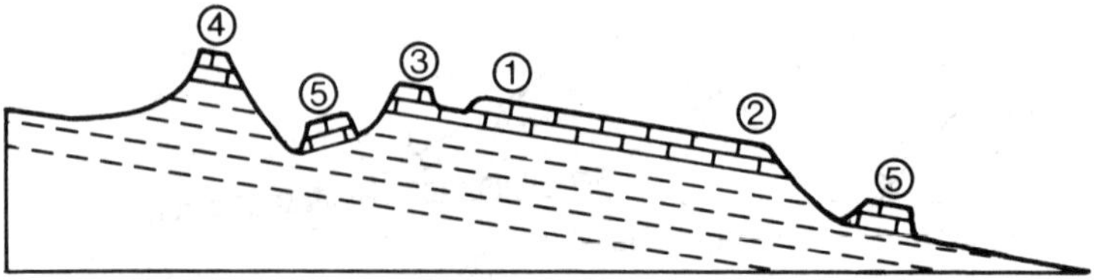

Abb. 3: Formen an Schichtstufen.

1 = Frontstufe; 2 = Achterstufe; 3 = Auslieger; 4 = Zeugenberg; 5 = Rutschungsschollen.

Die vorstehend skizzierten allgemeinen Züge der Entwicklung von Schichtstufenlandschaften gelten wohl weltweit, soweit die notwendigen geologischen Bedingungen gegeben sind. Die Ausbildung von Schichtstufen unterbleibt oft, wenn starke Absenkungen entgegengesetztes Einfallen der Schichten hervorrufen. Solche Absenkungen werden zum Beispiel durch *Subrosion* (Auflösung von wasserlöslichen Gesteinen im Untergrund) bewirkt. Hier sei vor allem auf mitteleuropäische Landschaften verwiesen, in deren Untergrund Zechsteinsalze vorkommen. Ähnliches gilt für Gipsgesteine im Röt, im Mittleren Muschelkalk und im Unteren Keuper. Schließlich kann die Stufenbildung durch Rumpfflächenmorphogenese unterbunden werden. Dabei wird vorausgesetzt, daß Klimate mit sehr intensiver chemischer Verwitterung die Gesteinsunterschiede auslöschen. Mir ist nicht bekannt, daß eine entsprechende rezente Entwicklung aus den Tropen überzeugend beschrieben worden ist. Dennoch gibt es stellenweise Reste solcher, heute außer Funktion befindlicher Rumpfflächen, sowohl in den Tropen als auch in den gemäßigten Breiten. Im letzten Fall werden sie als tropische Relikte aus tertiärer Zeit gedeutet. Damit zeigt sich aber auch, daß das heutige Relief fast immer aus *Mehrzeitformen* zusammengesetzt ist, die jeweils recht unterschiedliche Formungsbedingungen gehabt haben können. Erst wenn diese zumindest in ihren Grundzügen erkannt sind, kann eine Landschaft „verstanden" werden. An den folgenden regionalen Beispielen soll das näher erläutert werden.

Literatur zu 2: Rohdenburg 1971; Machatschek 1973; Büdel 1981.

2.1 Schichtstufen im mitteleuropäischen Deckgebirge

Im mitteleuropäischen Deckgebirge, also in dem überwiegend aus nicht gefalteten mesozoischen Sedimenten bestehenden, gibt es in der Regel vier markante Stufenbildner. Über dem Grundgebirge, das kristallin oder stark gefaltet ist, ragt zunächst die Buntsandstein-Stufe auf. Darüber bildet der Muschelkalk die nächste Stufe. Dieser folgt die Keuper-Stufe und schließlich die Jura-Stufe. Diese summarische Aufzählung unterschlägt die Differenzierung der Stufen im einzelnen. Sie stellt sich am Beispiel der Muschelkalkstufe im Hessischen Bergland wie folgt dar (Abb. 4):

Markantester Stufenbildner ist der Untere Muschelkalk. Sein Liegendes bildet Röt-Tonstein des Oberen Buntsandsteins. Der nächstältere und -tiefere Stufenbildner ist der Sollingsandstein. Zwischen dessen Stufe und der Muschelkalkstufe hat sich ein weitgespanntes Flachrelief ausgebildet, ähnlich wie zwischen anderen angeführten Stufen auch. Dieses Flachrelief ist durch die weitgehende Ausräumung des weichen Gesteins, in unserem Fall also des Röt-Tonsteins, entstanden. Im distalen Teil, nahe der Solling-Sandstein-Stufe, kommt weitstreckig dieser Sandstein an die Oberfläche. Wahrscheinlich waren diese Partien schon unter tertiären Klimabedingungen Oberfläche und intensiv-chemischer Verwitterung ausgesetzt. Der an sich feste Sandstein ist tiefgründig gebleicht und mürbe, so daß er zu Sand für Bauzwecke etc. verarbeitet wird. Der unverwitterte feste Sandstein wurde bis in die jüngere Vergangenheit als Baustein gewonnen („Preußischer Bausandstein"). Wie bis vor kurzem allgemein üblich, sind die aufgelassenen Sandgruben und Steinbrüche als Abfalldeponien verwendet worden, ohne daß der stark durchlässige Untergrund abgedichtet worden wäre. Eine Kontamination des in größeren Mengen in dem Sandstein gespeicherten Grundwassers ist deshalb nicht auszuschließen.

Während der pleistozänen Kaltzeiten war dieser Bereich ebenfalls stark exponiert. Wenn die Stufe nach Westen orientiert ist, konnten sich hier keine nennenswerten Mengen von Löß halten. Auf dem harten Sandstein bildete sich eine geringmächtige sandige Solifluktionsdecke, in der heute ein Podsol oder eine Podsol-Braunerde entwickelt sind. Der Standort ist flachgründig, neigt bei längeren Trok-

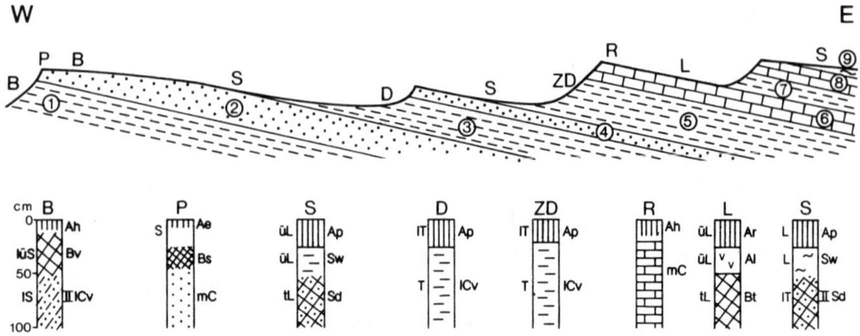

Abb. 4: Relief, Gestein und Boden im Hessischen Bergland.

1 = tonig-schluffige Gesteine der Hardegsen-Wechselfolge des Mittleren Buntsandsteins; 2 = Solling-Sandstein; 3 = Röt-Tonstein (Unterer); 4 = Röt-Quarzit; 5 = Röt-Tonstein (Oberer); 6 = Unterer Muschelkalk; 7 = Mittlerer Muschelkalk; 8 = Oberer Muschelkalk; 9 = Keuper-Tonstein.
B = Braunerde; P = Podsol; S = Pseudogley; D = Ranker-Pelosol; ZD = Pararendzina-Pelosol; R = Rendzina; L = Parabraunerde.
Bei den Bodensäulen sind links die Bodenarten (Korngrößenzusammensetzung) und rechts die Horizontsymbole angegeben.

kenperioden zur Austrocknung und hat ein niedriges pH sowie eine sehr schlechte Nährstoffversorgung. Forstwirtschaftlich wird er meistens mit Kiefern genutzt, die jedoch schlechte Bonität aufweisen. Landwirtschaftliche Nutzung entfällt in der Regel wegen der schlechten Bodeneigenschaften.

Östlich von diesen Arealen fällt das Gelände ab, dem Schichteinfallen nicht völlig folgend. Dadurch entsteht eine schwache Leelage gegenüber den Westwinden, die offensichtlich auch unter periglazialen Klimabedingungen während der pleistozänen Kaltzeiten vorhanden war. Als Folge davon setzt eine sich von Westen nach Osten verstärkende Lößeinmischung in die Solifluktionsdecken ein, die diesen flachen Hang überziehen. Zunächst, also im westlicheren Teil, haben sich in diesem Substrat Braunerden entwickelt, die aus lehmigem Sand bestehen. Sie besitzen eine etwas bessere Nährstoffversorgung als die vorher beschriebenen reinen Sandböden, sind aber ebenfalls flachgründige Standorte. Ihre – gelegentliche – ackerbauliche Nutzung erfordert hohe Düngung, die hier wegen des durchlässigen Untergrundes besser unterbleiben sollte. Solche Areale müßten wegen des Grundwasserschutzes und ihrer ohnehin schlechten Standorteigenschaften möglichst intensiver landwirtschaftlicher Nutzung entzogen werden.

Stellenweise kommen neben den sandigen Braunerden auch staunasse Böden vor. Diese Pseudogleye sind dort zu finden, wo Tonstein-Lagen, die in den Sandstein eingeschaltet sind, die Oberfläche erreichen. Der tonige Untergrund hat oft extreme Staunässe zur Folge, die ganzjährig anhalten kann, so daß die Pseudogleye von Stagnogleyen (Molkenböden) abgelöst werden. Sie sind auch mit Dränungsversuchen nicht für eine rentable Waldnutzung geeignet und stellen klassische Feuchtökotope mit beginnender Hochmoorbildung dar.

Dem flachen Gefälle folgend schließen sich an die sandigen Braunerden oder an die Pseudogleye Böden an, die ebenfalls staunaß sind, dennoch aber ackerbaulich genutzt werden. Nunmehr ist mit der zunehmenden Leelage der Gehalt an Lößlehm so groß geworden, daß von *Pseudogleyen aus Lößlehm* gesprochen werden kann. Die Böden haben eine gute Nährstoffversorgung und ihre Pseudovergleyung läßt nach, weil im Lößlehm ein flachwelliges Dellenrelief ausgebildet ist, das eine bessere natürliche Dränung bewirkt. Deswegen steigt aber mit der Beackerung die Erosionsgefährdung an. Es überrascht deshalb nicht, daß verbreitet der durchlässige schluffreiche Oberboden abgetragen ist und im stauenden tonreichen Unterboden geackert wird. Dieses Material ist wegen seines hohen Tongehaltes schwerer bearbeitbar, schlechter durchlüftet und erwärmt sich im Frühjahr später. Häufig sind solche Stellen im Frühjahr durch nicht oder nur spärlich aufgelaufene Saat zu erkennen. Die Bodenerosionsrate wird in dem tonigen Boden, der nicht so leicht verspülbar ist wie der schluffige Oberboden, geringer. Deshalb kommen hier auch kaum Bestandesschäden durch Verspülung vor, die auf den nicht erodierten Flächen häufiger zu beobachten sind. In den Tiefenlinien der Dellen sammeln sich große Teile des erodierten Substrats als Kolluvium. Auch hier kommt es häufig zu Verspülungen. Außerdem stellt sich wegen der hohen Nitratanreicherung in dem ehemaligen Oberboden-Material nach

Starkregen im Sommer Lagergetreide ein. Aus solchen Dellen ablaufende Oberflächenwässer enthalten ebenfalls größere Nitratmengen. Dieses gelangt in die Bäche und von dort als Uferfiltrat ins Grundwasser.

Die flachen Dellen folgen dem Schichtfallen, sind also *resequent*. Sie münden in subsequente Bäche, die in deutlich asymmetrischen Tälchen fließen. Deren nach Westen exponierter Hang ist wesentlich steiler als der Gegenhang, dessen Bodenabfolge und oberflächennaher Untergrund vorstehend beschrieben wurden. Die so skizzierte Asymmetrie könnte als typisch periglazial angesprochen werden, sie wird hier aber durch den Schichtenaufbau verstärkt. Der westexponierte steilere Hang besteht nämlich aus Röt-Tonstein, der von dem morphologisch harten Röt-Quarzit geschützt wird. Die im ehemals periglazialen Mitteleuropa zu beobachtende, vorwiegend westwindverursachte Talasymmetrie (steiler westexponierter, flacher ostexponierter Hang) wird hier dadurch verstärkt, daß die subsequenten Tälchen auf der flacheinfallenden Oberfläche des harten Solling-Sandsteins gleichfalls nach Osten wanderten und den Gegenhang unterschnitten. Auf diesem Hang blieb kein Lößlehm liegen, vielmehr ist auf dem Röt-Tonstein eine geringmächtige lößlehmhaltige Fließerde mit Quarzitbrocken zu finden. In ihr kam es im Holozän zur Braunerdebildung, im darunter liegenden Röt-Tonstein zur Pelosol-Entwicklung. Durch Quellung und Schrumpfung wird dabei das ursprüngliche Tonstein-Gefüge zerstört. Ähnliche Vorgänge können natürlich auch schon unter periglazialen Bedingungen abgelaufen sein. Der größte Teil dieser Böden ist heute unter Ackerkultur. Fast überall wurde durch die Bodenerosion die geringmächtige lößlehmhaltige Fließerde abgetragen, so daß heute im Röt-Tonstein geackert wird. Solche stark erodierten Standorte werden auch als *Minutenböden* bezeichnet, weil sie wegen ihres hohen Tongehaltes nur kurzfristig Beackerung zulassen. Bearbeitung im feuchten Zustand verschmiert die ohnehin porenarmen und deshalb schlecht durchlüfteten Böden. Im trockenen Zustand sind die Böden steinhart und bilden grobe Klumpen. Aber auch eine forstwirtschaftliche Nutzung dieser Böden bereitet Schwierigkeiten. Selbst im nichterodierten Zustand bietet die dünne Fließerdeauflage wenig Wurzelraum. Der dichte Tonstein wird von den

Wurzeln gemieden. Deshalb findet man auf solchen Standorten keine guten Baumbestände.

Von der relativ kleinen Röt-Quarzit-Stufe fällt das Gelände wieder flach nach Osten, und wiederum stellt sich eine seichte Lößlehmdecke mit Pseudogleyen ein. Die Staunässewirkung ist hier aber deutlich geringer als auf dem flachen Hang im Bereich des Solling-Sandsteins. Allgemein sind die Hohlformen im Röt-Gebiet tiefer eingeschnitten, weil der harte Solling-Sandstein erst in größerer Tiefe ansteht. Die allenthalben anzutreffende größere Hangneigung mindert die Staunässe.

Die Lößlehmdecke endet am östlichen Rand des nächsten Subsequenz-Tälchens. Hier steht gleichfalls dem flachen ostexponierten Hang ein steilerer Hang gegenüber. Seine Steilheit und Höhe erreichen aber größere Ausmaße, weil etwa in mittlerer Höhe die Grenze zum Muschelkalk beginnt. Von diesem Gestein ziehen Decken mit Kalkschutt über das Röt hinweg, besonders weit in Dellen und Tälchen, die die Stufe obsequent zerlappen. Die Grenze zum Muschelkalk ist im allgemeinen auch die Grenze Acker/Wald. Da sowohl die Schuttdecken als auch der anstehende Röt-Tonstein vor dem Muschelkalk kalkhaltig sind, werden die Böden als Pararendzinen oder Tonmergelrendzinen (auch Pararendzina-Pelosole) bezeichnet. Da es in der Hanglage durchweg erodierte Profile sind, ist jeweils der Zusatz „Kulto-“ angebracht.

Der Anstieg im Muschelkalk ist fast immer forstwirtschaftlich genutzt. Die Böden sind überwiegend flachgründige Rendzinen, unter denen der feste Kalkstein ansteht. Hoher Kalkgehalt und große Trockenheit sind die größten Nachteile solcher Standorte. Die riesige Verbreitung solcher Ah-C-Böden auch auf nachweislich nie beackerten Arealen verbietet es, sie als Produkte anthropogener Bodenerosion zu deuten. Sie sind deshalb als *Klimaxböden* in dem Sinne anzusehen, daß der hohe Basengehalt des Gesteins bisher unter den holozänen Klimabedingungen eine tiefere Entkalkung verhindert hat. Vereinzelt findet man unter Kalkschutt Rot- und Braunlehmreste auf den Hängen. Solche Reste stammen aus dem jüngeren Tertiär beziehungsweise aus pleistozänen Warmzeiten. Beachtenswert ist, daß diese fossilen Böden die periglaziale Abtragung überstanden haben, was darauf hindeutet, daß die periglaziale Abtragung an Kalkstein-Stufen vielfach wohl nur geringe Wirkung gehabt hat.

Kalksteinbraunlehme sind außerdem in Dolinen, also in durch Kalklösung entstandenen, an der Oberfläche abflußlosen Hohlformen zu finden. Die Lehme sind als nicht lösliche Rückstände in solchen Formen zusammengespült worden. Heute liegt auf ihnen oft ein lößlehmhaltiger Solifluktionsschutt, der wohl periglazialer Entstehung und damit pleistozänen Alters ist. Einer weit verbreiteten Auffassung folgend können deshalb auch diese Braunlehme als älter als holozän eingestuft werden. Sie sind gegenüber den umgebenden Rendzinen von wesentlich besserer Standortqualität. Zusammen mit dem auf ihnen liegenden lößlehmhaltigen Schutt haben sie vor allem einen ausgeglichenen Wasserhaushalt ohne extreme Trockenphasen. Erstaunlich ist, daß trotz des hohen Tongehalts dieser Böden (bis über 60%) keine Anzeichen von Staunässe zu erkennen sind, weder im Profilbild noch in der Krautschicht. Entscheidend für die relativ gute Dränung soll das ausgeprägte Polyeder-Gefüge des Bodens sein, das als Ergebnis der hohen Calcium-Versorgung des Tones gedeutet wird.

Über der Muschelkalk-Stufe setzt wieder verhältnismäßig ebenes Gelände ein. Die Ursache dafür ist ein erneuter Gesteinswechsel. Dieser wird durch den Mittleren Muschelkalk verursacht, der überwiegend aus Ton-Mergeln besteht. Dieses morphologisch weiche Gestein wurde ähnlich wie der Röt-Tonstein vor allem unter periglazialen Bedingungen kräftig ausgeräumt. Ähnlich wie im Bereich des Röt-Tonsteins haben sich auch hier asymmetrische Subsequenz-Tälchen ausgebildet. Deren flache ostexponierte Hänge sind wiederum von Lößlehm überdeckt, unter dem großflächig Kalkstein-Braunlehm liegt. Bodentypologisch sind die hier entwickelten Böden als Terra-fusca-Parabraunerden zu bezeichnen (Terra fusca = Kalkstein-Braunlehm). Diese Böden sind in dem gesamten Schichtstufenkomplex die ackerbaulich am besten geeigneten. Sie haben eine hohe natürliche Nährstoffversorgung und eine hohe nutzbare Feldkapazität (Wasserhaltevermögen). Störende Staunässe fehlt aus den schon angeführten Gründen. Da jedoch die Lößlehmdecke meist nur wenige Dezimeter stark ist, verschwindet sie bald bei intensiver Ackernutzung infolge der Bodenerosion. Sobald der sehr tonige

Kalkstein-Braunlehm vom Pflug erfaßt wird, verschlechtert sich die Bearbeitbarkeit des Bodens deutlich.

Im steileren Gegenhang der ostexponierten Hänge steht wieder morphologisch harter Kalkstein an, der zum Oberen Muschelkalk gehört. Er ist überwiegend mit schlechten Waldbeständen bedeckt, die auf flachgründigen Rendzinen stocken.

Für die Nutzung dieser Landschaft sind auch Fragen der Wassererschließung von Bedeutung. Im tonigen Röt-Gebiet gibt es keine größeren Grundwassermengen. Wenn hier Grundwasser gewonnen werden kann, hat es durch Gips und Kalk eine sehr hohe Härte. Im Kalkstein dagegen sammeln sich über dem Röt größere Grundwassermengen, die wie schon erwähnt zu Quellaustritten führen. Solche Quellen waren bis in die jüngste Vergangenheit oft die einzige Möglichkeit für die Trinkwasserversorgung. Natürlich besitzt auch dieses Wasser eine sehr hohe Karbonathärte. Schwerwiegender ist jedoch die häufige Verunreinigung, die mit der hohen Durchlässigkeit des Kalksteins verbunden ist. Auf den vielfach durch Verkarstung (Kalklösung) erweiterten Klüften zirkuliert das Wasser praktisch ungefiltert, und mit ihm Schadstoffe, die aus der landwirtschaftlichen Düngung und anderen Kontaminationsherden stammen. In diesem Zusammenhang sind vor allem die vielen kleinen Steinbrüche zu erwähnen, die der Kalksteingewinnung – zum Beispiel für Düngungszwecke – dienten und die nun oft mit Abfall verfüllt sind. Ähnliches gilt gleichfalls für zahlreiche Dolinen.

Die gelegentlich in den Talböden gebohrten Trinkwasserbrunnen sind des öfteren ebenfalls verunreinigt. Die Schotterkörper haben nur geringe Mächtigkeit, deshalb ist auch die Speicherkapazität sehr begrenzt. Zu beachten ist auch, daß vor allem im Rötgestein die Hochwässer in den Talböden besonders groß werden können und damit nicht hinreichend geschützte Brunnen in Gefahr geraten, durch stark verschmutzte Oberflächenwässer verunreinigt zu werden. Die Ursachen für diese besondere Hochwassergefährdung liegen einmal darin, daß das Rötgebiet fast komplett entwaldet ist, und zum anderen aus bis an die Oberfläche reichendem undurchlässigem Untergrund besteht, wodurch der Oberflächenabfluß enorm verstärkt wird.

Schließlich darf nicht vergessen werden, daß der Wechsel zwischen weichem und hartem Gestein an einem steileren Hang fast immer Probleme für Baugründungen mit sich bringt. Auf das Abgleiten von größeren Schollen des harten Gesteins wurde schon hingewiesen. Selbst wenn der größte Teil solcher Rutschungsareale unter periglazialen Klimabedingungen möglicherweise aktiver gewesen ist und heute unter Wald die Bewegungen häufig zum Stillstand gekommen sind, ändert sich das in aller Regel schon, wenn ein solcher Hang gerodet und damit der Wasserhaushalt geändert wird. Solche Veränderungen können auch dann eintreten, wenn oberhalb der Stufe durch Rodung die Sickerwassermenge sich kräftig vergrößert und in den Stufenhang dadurch größere Wassermengen gelangen. In jedem Fall führen Bebauungen des Hanges zu zusätzlichen Belastungen, die die Instabilität erhöhen. Vor allem Straßen, Autobahnen und Eisenbahnen queren wohl kaum eine Schichtstufe, ohne daß es immer wieder zu Rutschungen kommt. Dabei wirken sich insbesondere die vom Verkehr ausgehenden Erschütterungen fördernd aus. Aber auch andere Erscheinungen, wie etwa die durch Salzstreuen verursachten Veränderungen des Vegetationsbestandes und der Bodenbeschaffenheit, verstärken oder lösen manchmal Bewegungen aus.

Die vorstehend beschriebene Geofaktoren-Konstellation soll als Beispiel für eine Schichtstufe dienen, in der der Stufenbildner mächtig ist und weitgehend aus homogenem Gestein besteht und deshalb innerhalb der Stufe keine größeren Gefällsbrüche auftauchen. Da auch der weiche Röt-Tonstein mit Ausnahme des geringmächtigen Röt-Quarzits recht mächtig ist, hat sich vor der Stufe ein weitgespanntes Stufenvorland *(Landterrasse)* ausgebildet. Würden die Schichten stärker einfallen, schrumpfte dessen Ausdehnung beträchtlich, die Stufe selbst würde zum *Schichtkamm*, weil die über ihr folgende Landterrasse dem Schichteinfallen folgend ebenfalls kräftig geneigt wäre.

Eine abweichende Form bekommt unabhängig vom Schichteinfallen die Stufe dann, wenn der Stufenbildner inhomogen ist. Das trifft für die meisten Sandstein-Stufen zu. In Abb. 5 ist als Beispiel die Schichtstufe des Steigerwaldes dargestellt. Die Stufe wird zwar vom sehr harten Blasensandstein gekrönt, darunter folgen aber wie-

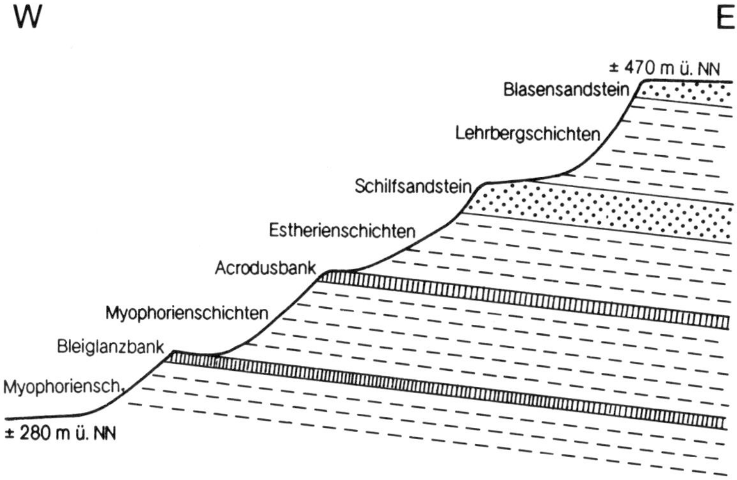

Abb. 5: Stufendifferenzierung an der Schichtstufe des Steigerwaldes (in Anlehnung an EMMERT, U. [1965]: Erl. geol. Kte. Bayern, Bl. 6228 Wiesentheid: 132 S., München).

derholt markante Gefällsknicke mit härteren Gesteinsbänken. Obwohl die fast 200 m hohe Stufe auch im unteren Abschnitt noch ziemlich steil ist, hört dort, wo mit dem Schilfsandstein letztmals größere Partien härteren Gesteins enden und anschließend hangabwärts weiches Gestein dominiert, der Wald auf. Der Boden wird hier aber nicht ackerbaulich genutzt, sondern durch Weinbau. Die westexponierte steile Hanglage und der gut rigolbare tonige Boden des Gips- und Lettenkeupers bilden unter den gegebenen klimatischen Verhältnissen gute Voraussetzungen für diese Nutzung.

Selten machen sich bei heterogen aufgebauten Stufen solche Gesteinsunterschiede im Boden auf den ersten Blick bemerkbar. Als Beispiel wird die Stufe des Unteren Buntsandsteins im Odenwald angeführt (Abb. 6). Die drei Stufen dieses ca. 50 Meter Höhenunterschied umfassenden Profils bestehen aus harten Sandsteinbänken. Dazwischen liegen Ton- und Schluffsteine. Der gesamte westexponierte Hang ist von periglazialen Schuttdecken überzogen. Auf der höchsten Kante liegt auf dem anstehenden festen Sandstein eine

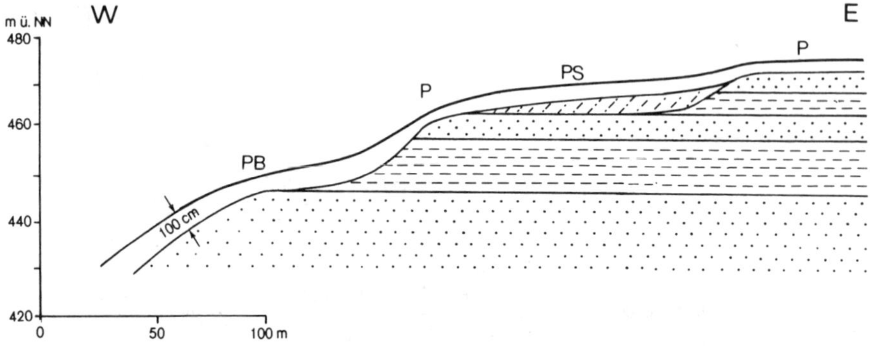

Abb. 6: Gesteinswechsel im Unteren Buntsandstein des Odenwaldes.

Die harten (punktiert) und weichen (gestrichelt) Gesteine wurden von einer recht homogenen Schuttdecke (weiß) überwandert. Sie besteht über den Sandsteinkanten fast nur aus Sand, weshalb hier ein Podsol (P) entwickelt ist. Auf den Schluff- und Tongesteinen ist der Schutt etwas lehmiger, so daß die Podsolierung nachläßt und deshalb Podsol-Braunerden (PB) vorherrschen. Bei stärkerer Einmischung von Schluff und Ton auf flachen Hangteilen im tieferen Teil des Schuttes (strichpunktiert) kann neben der Podsolierung im Oberboden auch Pseudovergleyung im Unterboden zu beobachten sein (PS).

ca. 50 cm mächtige Schuttdecke, deren Feinmaterial aus Sand bis schwach lehmigem Sand besteht. Diese überzieht mit sehr geringen Schwankungen den gesamten Hang. Nur bei sehr genauer Betrachtung ist zu erkennen, daß sich die von dieser Decke überfahrenen Hangverflachungen im tonigen Gestein doch bemerkbar machen. Das wird um so deutlicher, je länger die Verflachungen ausgebildet sind. An solchen Stellen hat die Solifluktionsdecke allmählich immer mehr toniges Material aufgenommen, so daß hauptsächlich in deren basalen Teil der Tongehalt ansteigt. Der Wechsel im Untergrund wirkt sich entscheidend auf den Standort aus. Zwar ist an allen Stellen ein kräftiger Podsol in dem sehr sauren, nährstoffarmen Sandschutt ausgebildet, aber auf den tonigeren Substraten stellt sich im Unterboden eine kräftige Pseudovergleyung ein. Hier liegen also verhältnismäßig gute Standortbedingungen für die Fichte vor, während die Stellen zu trocken sind, wo die Staunässe fehlt, weil im

Untergrund durchlässiger Sandstein liegt. Zu beachten ist, daß das tonige Material solifluidal oft den hangabwärts folgenden Sandstein überwandert hat. Das gilt insbesondere für flache Hangpartien. Bei steilerer Neigung überschüttete der ansonsten weniger „wanderungsfähige“ sandige Schutt die tonigen Substrate total. Je nach Hangneigung dominieren also Fichten- (tonige) oder Kiefern- (sandige) Standorte.

Generell bleibt zu beachten, daß Schichten mit einer bestimmten Körnigkeit nicht immer durchgehend ausgebildet sind. Als entsprechendes Beispiel sei auf den Schilfsandstein im Keuper verwiesen, der etwa im Heilbronner Bergland in ein System von zahlreichen isolierten Strängen aufgegliedert ist, die kräftige Differenzierungen in den Relief- und Bodenverhältnissen hervorrufen. Natürlich ergeben sich daraus sehr große Variationen hinsichtlich des Reliefs und der Böden. Dieses wird nachfolgend eingehender am Beispiel einer Landschaft aus Nigeria erörtert.

Literatur zu 2.1: Wurster 1965; Fried 1984; Semmel 1984; Bremer u.a. 1989.

2.2 Schichtstufen in den wechselfeuchten Tropen Afrikas

Eine relativ gut bekannte Schichtstufenlandschaft ist in Südost-Nigeria entwickelt. Im Zusammenhang mit der jungmesozoischen Entwicklung des Benue-Grabensystems bildete sich ein Becken aus, in dem auf das präkambrische Kristallin marine Sedimente von der mittleren Kreidezeit bis in das Tertiär geschüttet wurden. Die randlichen Beckenbereiche sind mit dem Kristallin der Asande-Schwelle herausgehoben worden. Da in den Sedimenten der Kreidezeit oft Sande, Kalke, Tone und Mergel wechseln, sind also die geologischen Voraussetzungen für die Entwicklung einer Schichtstufenlandschaft gegeben. Diese hat sicher schon im Tertiär eingesetzt. Neben weit durchziehenden und stark herauspräparierten Stufen gibt es beispielsweise im Gebiet südöstlich von Enugu ein flaches Relief, das von niedrigeren Rücken durchzogen wird. Diese Rücken bestehen aus Sandstein, der ursprünglich als Sand in die Rinnen eines Delta-

Abb. 7: Gesteinsbedingtes welliges Kreide-Relief und seine Auswirkung auf die Böden in Südost-Nigeria.

Herauspräparierte Sandstein-Linsen (gepunktet) tragen Braunerden über Ferralsols, die in den Mulden liegenden Tonsteine (gestrichelt) dagegen Pseudogleye.

systems geschüttet wurde, das in der Regel bei Regressionen entsteht, also in einer Zeit sinkenden Meeresspiegels. Die Rinnen sind eingeschnitten in Tone und Mergel, feinkörnige Sedimente aus der Zeit des Optimums der Transgression, des Meereshochstandes. Nachdem das Meer das Land freigegeben hat, konnte die Abtragung einsetzen, die die feinkörnigen morphologisch weichen Tone und Mergel schneller ausräumte als die durch die Diagenese zu hartem Sandstein verfestigten Sande in den Rinnen. Es entstand auf diese Weise das auf Abb. 7 wiedergegebene Relief. Die Asymmetrie der Sandsteinrücken ist durch das Einfallen des gesamten Schichtenkomplexes nach Nordwesten bedingt. Deshalb haben sich kleine nach Südosten gerichtete Stufen gebildet.

In den subsequenten Mulden vor den Stufen findet man auf den Tonsteinen oder Mergeln überwiegend staunasse Böden, die im Oberboden sehr oft eine sandige Komponente enthalten. Der Sand ist von der Stufe in die Mulde hineingespült worden. Auf den Stufen selbst dominieren Braunerden oder auch lateritische Böden mit Eisenkrusten (Ferralsols). Gelegentlich kommen allerdings auch hier Pseudogleye vor, wenn Tonschichten, die in den Sandstein eingebettet sind, an die Oberfläche treten. Die Bodenunterschiede äußern sich in einem äußerst engräumigen Nutzungswechsel. Während die staunassen Mulden meist noch vom primären Feuchtwald bestanden sind, werden die sandigen Böden ackerbaulich genutzt, vielfach sogar unter Verwendung von Beregnungsanlagen, die das

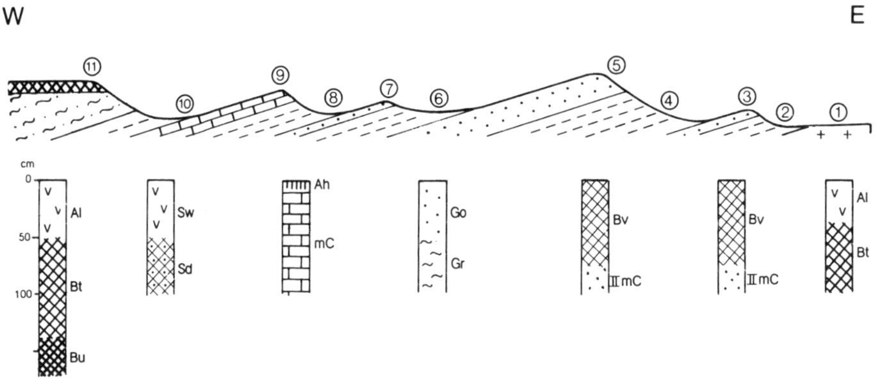

Abb. 8: Stufenabfolge mit einigen typischen Böden in Südost-Nigeria.

1 = kristallines Grundgebirge („Afriziden“) mit sauren Parabraunerden (Acrisole); 2 = Kretazische Ton- und Mergelgesteine mit staunassen Böden (Pseudogleye); 3 = niedrige Sandstein-Stufe mit Braunerden; 4 = 2; 5 = hohe Sandstein-Stufe mit Braunerden; 6 = 2 und 4, dazu verbreitet Grundwasserböden (Gleye); 7 = 3; 8 = 6; 9 = Kalksteinstufe mit flachgründiger Rendzina; 10 = 2, 4, 6 und 8; 11 = Schiefergestein mit Lateritkruste, im stufenferneren Bereich Acrisole (saure Parabraunerden) im Decklehm.

Grundwasser nutzen, das sich in den grobporigen Sandsteinen sammelt. Mit Hilfe der künstlichen Beregnung werden die Erträge wesentlich verbessert, weil damit auch während der ca. vier ariden Monate in diesem Aw-Klima (nach Koeppen und Geiger 1928) oder V2-Klima (Troll und Paffen 1964) die Vegetationsperiode aufrechterhalten werden kann.

Die vorstehend skizzierte Bodenabfolge ist häufig auch für die größeren Sandsteinstufen charakteristisch. Die Härte der Stufenbildner wird hier aber manchmal noch durch die Ausbildung von Lateritkrusten verstärkt. Vor allem direkt an der Stufenstirn ist an vielen Orten eine massive Eisenkruste anzutreffen. Sie wird dadurch erklärt, daß nach dort die Wasserbewegung und damit der Stofftransport wegen des Gefälles und der Sogwirkung der Austrocknung an der Stufe besonders intensiv war und ist. Auf diese Weise bildete sich also eine Kombination von gesteinsbedingter Stufe und sogenannter *Krustenstufe* aus, die ansonsten auch unabhängig von Schichtgesteinen entstehen kann (vgl. Kapitel 3.1). An manchen Stellen sind solche harten Krusten selbst in den sonst morphologisch weichen kretazischen Tonsteinen entstanden. Es kann deshalb insgesamt die auf Abb. 8 schematisch dargestellte und nachfolgend näher beschriebene Abfolge von Relief, Gestein und Boden entwickelt sein.

Vom kristallinen Sockel kommend durchquert man zunächst eine Ausraumzone, in der Ton- und Mergelgesteine den Untergrund bilden. Vorherrschende Böden sind staunasse Böden (Pseudogleye), an den tiefsten Stellen auch Grundwasser-Böden (Gleye). Verbreitet wird hier Bewässerungs-Reisanbau betrieben. Mit dem relativ ebenen Relief, den wenig durchlässigen Böden und der recht einfachen Zufuhrmöglichkeit von Oberflächenwasser aus den Bach- und Flußläufen sind gute Voraussetzungen für diese Kultur gegeben.

Dort, wo die Tone und Mergel deutlich sandiger und somit morphologisch härter werden, haben sich kleine Stufen herausgebildet, auf denen Braunerde-Pelosole anzutreffen sind. Die sandigen Oberböden beschränken sich auf eine sandig-lehmige Deckschicht *(Decklehm)*, die durch Verspülung auf den Hängen entstanden ist *(hill wash)*. Sie wird im allgemeinen pleistozänen arideren Klimaverhältnissen zugerechnet, die zu Auflichtungen der Vegetation führten und damit die Materialverlagerungen ermöglichten. Die relative Erhöhung des Sandgehaltes in diesem Material kann allein durch Ausspülung der feinen Korngrößen zustande gekommen sein. Solche Standorte werden heute überwiegend traditionell (Maniok etc.) genutzt. Wegen des dichten tonigen Unterbodens sind allerdings Bodenerosionsschäden nicht selten, zumal an vielen Stellen in dem dicht besiedelten Gebiet mit Hilfe künstlicher Düngung Dauerfeldbau getrieben wird. Die ursprüngliche bodenschonende Feldwechselwirtschaft mit langjährigen Brachen und noch verhältnismäßig dichtem Baumbestand verschwindet immer mehr in diesem Feuchtsavannen-Gebiet. Der durch die Bodenerosion häufig abgetragene sandig-lehmige Boden besitzt mittleren Nährstoffgehalt und ein pH von 4,5 bis 5, hat also relativ günstige Eigenschaften. Kommt der tonige oder mergelige Unterboden an die Oberfläche, erhöht sich zwar der Basengehalt und das pH, der hohe Tongehalt erschwert jedoch die Bearbeitung.

Stellenweise sind auf den kleinen sandigeren Stufen auch Reste von schwachen Laterit-Panzern zu finden. Diese Anreicherungen von Fe- und Al-Oxiden, oft mit rotfleckigem tonigem Untergrund, sind wahrscheinlich Grundwasserbildungen. In Zeiten (vermutlich im Pleistozän), als das Niveau der heutigen Lateritkrusten noch vom Grundwasser erreicht wurde, bildeten sich im Schwankungsbereich des Grundwassers diese Ausfällungen. Sie erstrecken sich nur über wenige Meter.

Nach Westen hin erhebt sich über dem Ausraumbecken eine Sandsteinstufe. Sie trägt keine Lateritdecke. Eine solche könnte vielleicht abgetragen sein, aber man muß auch damit rechnen, daß die Stufe jünger ist als die mächtigen Lateritdecken, die ohne Zweifel älter sind als pleistozän und pliozän. Ihre Bildung setzt offensichtlich sehr intensive, lange andauernde chemische Verwitterung voraus, die m. E. unter den heutigen klimatischen Bedingungen auch in diesem Gebiet nicht stattfindet. Heute bedecken saure, basenarme Braunerden die Stufe, die im sandigen hill wash entwikkelt sind. Auf diesen ertragsärmeren Böden ist die traditionelle Feldwechselwirtschaft mit längeren Brachezeiten noch weit verbreitet, so daß insgesamt der Savannencharakter der Landschaft gewahrt bleibt.

Westlich der Sandsteinstufe hat sich in den hangenden Ton- und Mergelgesteinen wiederum eine Ausraumzone gebildet, in der ähnliche Relief- und Bodenverhältnisse wie östlich der Sandsteinstufe vorliegen. Über diese Ausraumzone erhebt sich erneut eine Stufe, die jedoch aus Kalkstein besteht. Oft tritt hier das nackte Gestein zutage, nur stellenweise ist schwarzes, sehr toniges Verwitterungssubstrat zu finden, das nur in besonders geschützter Lage mächtiger wird. Auf den Kalksteinen kümmert eine schüttere Baum- und Strauchvegetation dahin, auf dem mächtigeren Feinmaterial ist Grasland verbreitet. In der Regel werden diese Areale nicht ackerbaulich genutzt. Es ist damit zu rechnen, daß das von jeher so war. Zumindest im Holozän scheint auf diesen verhältnismäßig hängigen Lagen auf dem Kalkstein kein mächtigerer Boden entwickelt gewesen zu sein. Der hohe Basengehalt des Kalkes läßt offensichtlich die Entstehung saurer Sickerwässer, die die Entkalkung als Voraussetzung tiefgründiger Bodenbildung bewirken könnten, nicht zu.

Es gilt demnach ähnliches wie schon zum Thema Muschelkalk-Rendzinen in Mitteleuropa ausgeführt. Die wenigen Holzpflanzen suchen die Feuchtigkeit, die sie auch in der Trockenzeit brauchen, in Gesteinsklüften zu finden. Auf dem schwarzen Feinmaterial sind sie gegenüber dem Gras nicht konkurrenzfähig. Einmal hat dieses Substrat einen sehr hohen Tongehalt mit Montmorillonit-Dominanz, die Böden (Vertisole) quellen und schrumpfen deshalb sehr stark und zerreißen die Baumwurzeln, zum anderen herrschen während der Regenzeit semi-terrestrische Bedingungen. Die große Feuchtigkeit in den tonigen Substraten ist den Bäumen abträglich.

Nach einer abermaligen Ausraumzone in tonigen und mergeligen Gesteinen bildet dann in Richtung Westen Schiefergestein eine Stufe. Dieses an sich morphologisch weiche Gestein ist kein Stufenbildner. Hier bedingt eine Lateritkruste die Stufe. Die Kruste gehört zu einem alten, wahrscheinlich prämiozänen Flachrelief, auf dem verbreitet mächtige Laterite entwickelt sind und das deutlich über die jüngeren Landschaftsteile aufragt, die später eingeschnitten wurden. Der steile Stufenhang ist von Laterittrümmern übersät. Er, sowie der Scheitel der Stufe (der First), ist von Savannenvegetation bestanden. Überwiegend kommt hier der Lateritpanzer direkt an die Oberfläche. Westlich des Firstes stellt sich dann wieder lehmig-sandige Überdeckung ein, in der saure und basenarme Braunerden und Parabraunerden entwickelt sind. Traditionelle Feldwechselwirtschaft herrscht vor.

Ein ähnliches Bild bietet sich auch dort, wo nicht Schiefer, sondern der morphologisch harte Sandstein eine Lateritdecke trägt. Solche Stufen treten besonders markant hervor. Das hill wash, der Decklehm, ist hier aber wesentlich sandiger als beim Schiefer und zugleich noch saurer und basenärmer. Es bleibt immer wieder bemerkenswert, daß trotz der intensiven Verwitterung, die die Lateritisierung doch zweifellos bedeutet, die Eigenschaften des Ausgangsgesteins dennoch im Decklehm, der über der Kruste liegt, wenigstens andeutungsweise zum Tragen kommen.

Unabhängig davon, aus welchem Gestein Schichtstufen in den wechselfeuchten Tropen Afrikas bestehen, haben sie doch mit den Schichtstufen in Mitteleuropa gemeinsam, daß von den Stufen her

Lockermaterial Teile des Vorlandes überdeckt und damit oft gravierenden Wandel für Ökologie und Ökonomie schafft. In Mitteleuropa sind es vor allem pleistozäne periglaziale Schuttdecken, die diese Veränderungen bewirken, im wechselfeuchten tropischen Afrika pleistozäne hill-wash-Sedimente, bei denen weniger Solifluktion als vielmehr spülendes Wasser das maßgebliche Agens gewesen ist. Die Bedeutung beider Vorgänge wird aber stellenweise erreicht beziehungsweise oft sogar übertroffen durch die anthropogen bedingte Bodenerosion. Ihre Rolle soll hier noch einmal an einem Beispiel aus der ostäthiopischen Schichtstufenlandschaft dargestellt werden.

Dort liegen östlich von Harar über den kristallinen Gesteinen des afrikanischen Sockels jurassische Kalksteine, die eine bis über 50 Meter hohe Schichtstufe bilden (Abb. 9). Auf diesen teilweise recht mergeligen Kalken ist im Stufenhang praktisch kein Lockerboden vorhanden. Die schüttere Savannenvegetation zeigt die charakteristischen Merkmale kräftiger Überweidung, sie besteht fast nur aus Dornsträuchern mit erheblichen Verbißschäden. Das im Kristallin liegende Stufenvorland weist ähnliche Merkmale auf. Es wird außerdem wegen der günstigeren Reliefverhältnisse ackerbaulich genutzt. Ursprünglich geschah das in tief entwickelten, aber sauren und basenarmen Rotlehmen (pH 4, 5–5, Basensättigung ca. 30%). Diese roten Böden sind heute unmittelbar vor der Kalksteinstufe von schwarzen Kolluvien überdeckt, die durch die Überweidung von den Stufenhängen abgespült wurden. Sie sind aus typischen Vertisolen, also dunklen Tonböden, hervorgegangen. Im Gegensatz zu den ursprünglichen Böden, die wegen ihres hohen Tongehaltes, ihrer Quellungs- und Schrumpfungsdynamik und ihres unausgeglichenen Wasserhaushaltes dem einheimischen Ackerbau Probleme bereiten und deshalb meist Grasland bleiben, werden die Kolluvien intensiv beackert. Das Material hat während der Verspülung deutlich an Ton verloren, statt ursprünglich 60 bis 70% liegen nunmehr Gehalte um 40% vor. Böden mit diesem Tongehalt, noch dazu junge locker gelagerte Schwemmsedimente, sind wesentlich günstiger zu beurteilen hinsichtlich der oben aufgeführten ackerbaulichen Eigenschaften. Die anderen Bodeneigenschaften sind weniger stark verändert worden. Das pH beträgt nach wie vor um 7, die Basenversorgung ca. 80%.

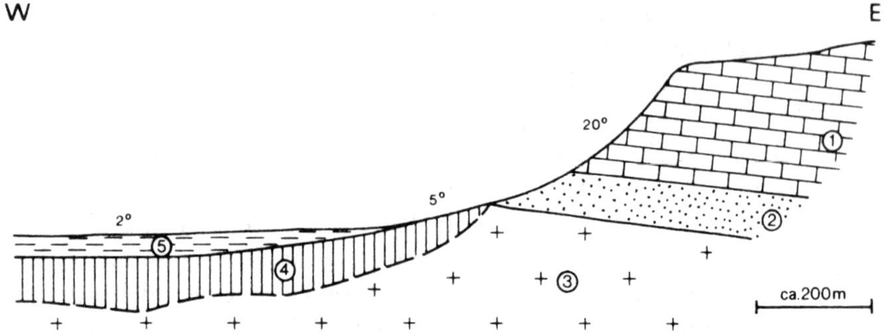

Abb. 9: Kalksteinstufe und Böden östlich Harar (Äthiopien).

1 = jurassischer mergeliger Kalkstein mit Kalksteinrohboden; 2 = Sandstein mit Kulto-Ranker; 3 = unverwittertes Kristallin; 4 = Rotlehm mit Zersatzzone im Kristallin; 5 = dunkles Kolluvium.

Dieses Beispiel, das keinen seltenen Ausnahmefall darstellt, zeigt, daß mit der Bodenerosion nicht immer Nachteile für die Ökonomie verbunden sein müssen, denn die Erträge auf den Kolluvien sind wesentlich besser als auf den nicht überschütteten Rotlehmen. Auf den Hängen waren die Vertisole ohnehin nicht ackerbaulich zu nutzen. Hinzu kommt noch die Verbesserung der Situation für einen ganz anderen Nutzungsanspruch: Dadurch, daß der wenig durchlässige Vertisol vom Kalksteinhang entfernt wurde, muß der Oberflächenabfluß sich verringert und die Grundwassererneuerungsrate sich erhöht haben. Die Wasserversorgung für die Einheimischen dürfte sich zumindest quantitativ verbessert haben. Zugleich muß aber damit gerechnet werden, daß ein anderes Problem, das generell bei Schichtstufen zu beachten ist, wohl größer wurde: die Rutschungsgefahr. Selbstverständlich gilt auch für die afrikanischen Schichtstufen, daß sie insbesondere für Verkehrswege wegen der Rutschungsgefahr problematische Gebiete sind. Doch diese Fragen spielen in immerfeuchten tropischen Schichtstufenlandschaften noch eine größere Rolle. Das mag das nachstehende Kapitel zeigen.

Literatur zu 2.2: Jungerius 1965; Rohdenburg 1969; Semmel 1986.

2.3 Schichtstufen in den immerfeuchten Subtropen Brasiliens

In Südbrasilien ist nahe der Atlantikküste das kristalline Grundgebirge stark herausgehoben und vom paläozoisch-mesozoischen Deckgebirge entblößt worden (Abb. 10). Das Deckgebirge beginnt im Westen mit einer lokal bis 200 Meter hohen Schichtstufe des devonischen Furnas-Sandsteins. Die vor ihm liegende, im Kristallin ausgebildete *Basislandterrasse* hat ein kuppiges Relief, das aus alten Hochflächenresten hervorging, die überwiegend ca. 1000 Meter Meereshöhe aufweisen. Einzelne Härtlinge, aus morphologisch sehr hartem Quarzit bestehende Berge, ragen höher auf. Das Stufengebiet gehört mit seinen zentralen, im Staate Paraná gelegenen Teilen zum ständig feuchten sommerheißen Subtropenklima nach TROLL und PAFFEN (1964), hat ca. 1500 mm jährliches Niederschlagsmittel sowie eine mittlere Jahrestemperatur von ca. 15° C.

Bei tektonisch wenig gestörter Lagerung fallen die paläozoischen und mesozoischen Sedimentgesteine nach Westen ein. Auf den sehr steilen Hängen der Sandsteinstufe tritt das nicht oder wenig verwitterte Anstehende an die Oberfläche. Auf dem unterhalb davon anschließenden Kristallin (zum Beispiel Tonschiefer) sind dagegen auf den hier nicht mehr so stark geneigten Hängen jüngere Sedimente abgelagert worden, die den im vorhergehenden Kapitel aus Afrika beschriebenen Decklehmen (hill wash) entsprechen. Sie zeichnen die heutige Hangneigung nach und sind auch im übrigen Kristallingebiet sehr weit verbreitet. Hier an der Stufe handelt es sich um überwiegend bräunliche Lehme mit einem Sandgehalt, der im basalen Teil der Sedimente abnimmt. Hangabwärts wird der Sandgehalt ebenfalls geringer. Die Sandbeimengungen stammen aus dem hangaufwärts anstehenden Furnas-Sandstein und sind bei dem Transport über den Hang mit Material aus dem liegenden Tonschiefer vermengt worden.

Diese Verlagerungen finden heute nicht mehr statt, wenn man von den schwach geneigten Hangteilen absieht, auf denen der sonst die Stufe bedeckende subtropische Feuchtwald zum Zwecke der Beakkerung gerodet worden ist. Solche Areale sind mehr oder weniger starker Bodenerosion ausgesetzt. Dadurch wurden und werden die

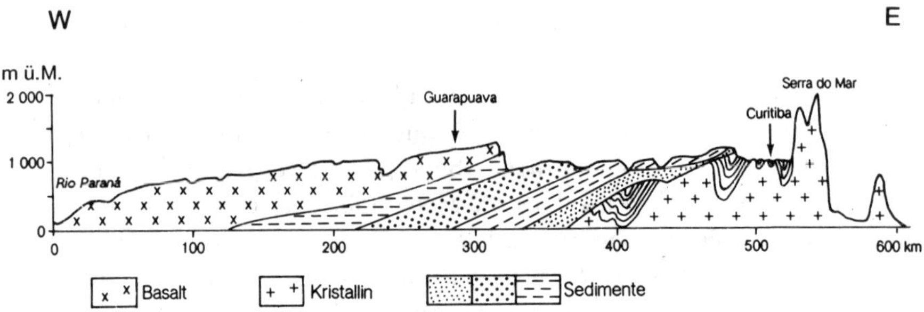

Abb. 10: Gesteine und Stufen in Südbrasilien.

Bodenprofile reduziert, die ansonsten unter Wald durchgehend ausgebildet sind. Es handelt sich dabei um Braunerden in sehr sandigen Substraten oder um Parabraunerden in tonigeren Ablagerungen. Insgesamt läßt sich aus diesen Böden ableiten, daß die Hangpartien unter Wald sich seit längerem in Ruhe befinden. Das wird durch Radiocarbon-Datierungen von überlagerten humosen Mineralböden bestätigt, die jungpleistozäne Alter ergaben. Ähnliche Alter wurden auch für humose Böden ermittelt, die von abgerutschten Sandstein-Schollen überfahren worden sind. Als Gesamtbefund darf gefolgert werden, daß auf diesen Hängen die letzte intensive Formung – von der aktuellen anthropogen bedingten Bodenerosion abgesehen – im Jungpleistozän erfolgte. Wahrscheinlich ist damals letztmals durch Vegetationsauflichtung, die infolge ariderer Klimaphasen eintrat, stärkere Abtragung möglich gewesen.

Anders stellt sich die Situation an den Stufenhängen dar, wo unter dem Furnas-Sandstein nicht Tonschiefer, sondern ein extrem weiches toniges Schluffgestein ansteht, das im durchfeuchteten Zustand leicht ausfließt. Hier zeichnet die Hänge ein sehr unruhiges Relief aus, das durch zahlreiche abgerutschte Furnas-Schollen bedingt ist (Abb. 11). Die Datierungen von überfahrenen Böden zeigen, daß an diesen Stufenabschnitten auch unter holozäner Waldbedeckung intensive Formung durch Rutschungsdynamik erfolgte. Diese Abschnitte sind auch gegenwärtig die Areale, wo der Boden in Bewegung gerät, wenn durch Rodung der Wasserhaushalt gestört wird oder neue Straßenanschnitte in Verbindung mit den vom Ver-

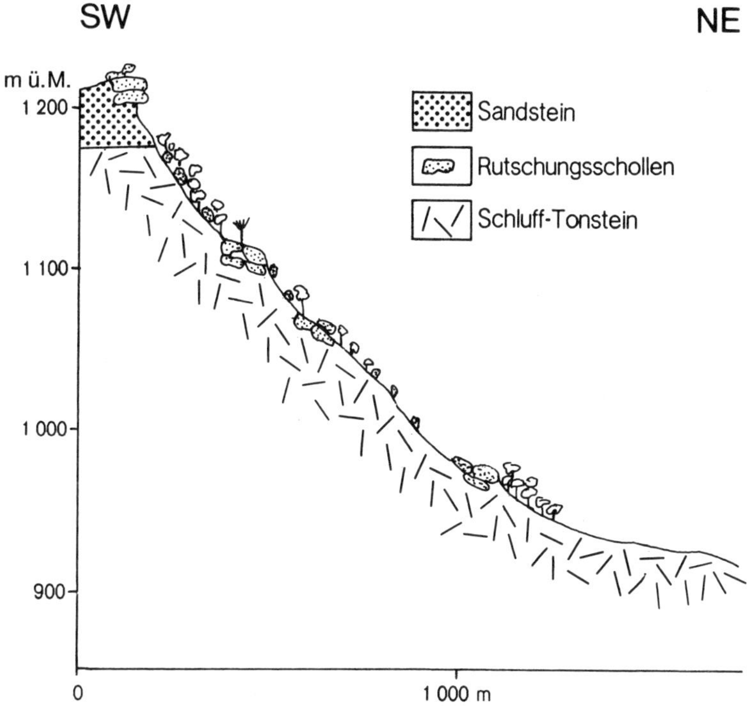

Abb. 11: Rutschende Sandstein-Schollen auf weichem Gestein an der Stufe des Furnas-Sandstein westlich Curitiba (Südbrasilien).

kehr ausgehenden Erschütterungen das labile Gleichgewicht auf den Hängen verändern.

Oberhalb der Stufe ist ein flachwelliges Gelände ausgebildet, das durch dellenartige Hohlformen gegliedert wird, die in relativ flache Täler übergehen. Die Hohlformendichte ist erheblich geringer als im kristallinen Stufenvorland. Das flache Relief ist eine der Hauptursachen für die schlechte Drainage dieses Gebietes, die sich in einer deutlichen Vermoorungstendenz und damit verbundenem vorherrschendem Grasland äußert. Die Vernässung wird durch hohe Niederschläge (Staueffekt am Stufenfirst) und hohe relative Luftfeuchtigkeit verstärkt. Lokal steigt die Vernässung außerdem dort an, wo flache *Lösungsdolinen,* manchmal auch engbegrenzte *Einsturzdoli-*

nen vorkommen. Bei einer Lösungsform ist der Hohlraum allein durch Lösungsabfuhr des Gesteins entstanden, bei einer Einsturzdoline ist unterirdischer Lösung das Einbrechen der Deckschichten gefolgt. Beide sonst vor allem aus Kalkgebieten beschriebene Formen entstehen hier durch Verkarstungsvorgänge im Sandstein. Darauf weisen bereits die vielen Lösungsnäpfe und ähnliche Bildungen auf den an der Oberfläche liegenden Sandsteinblöcken hin. In den Dolinen sammelt sich unlöslicher toniger Rückstand, der den unterirdischen Abfluß abdichtet und damit zur Versumpfung führen kann.

Außerhalb der Dolinen sind auf den Sandsteinen stark humose Böden geringer Entwicklungstiefe verbreitet (Humic Arenosols der FAO-Systematik). Sie sind sauer (pH = 3,5–4) und basenarm. An manchen Stellen tritt der bloße Sandstein zutage. Das ist gelegentlich auch in flachem Gelände zu beobachten. Oft handelt es sich dabei um die Ränder von aufgefüllten Dolinen, an denen die ursprünglich vorhandenen kräftigen Neigungen zur Abspülung des Bodenmaterials führten. Solche Erscheinungen sind – zunächst in ihrer Mehrzahl – nicht auf Überweidung und die damit verbundene Bodenerosion zurückzuführen. Eine solche anthropogen bedingte Abtragung hat in ihrer flächenhaften Auswirkung noch nicht das Ausmaß der älteren, nicht anthropogenen Abspülung erreicht. Zwar ist nicht zu bestreiten, daß infolge von Überweidung Bodenabspülung stattfindet, jedoch ist die durch die Überweidung bedingte Veränderung der Grasvegetation der ökologisch weiter verbreitete Vorgang. Nicht nur durch die Überweidung, sondern auch durch Abbrennen des Graslandes *(campo limpo)* werden die hygrophytischen durch xerophytische Gräser verdrängt oder es setzt allgemein die „Verbuschung“ ein.

Das Grasland auf der Stufenfläche wird vereinzelt durch Waldinseln unterbrochen. In manchen Fällen handelt es sich dabei um Aufforstungen, die auf künstlich dränierten Arealen erfolgen. An anderen Stellen kommt der Wald auf kleinen Hügeln vor, da hier wegen der stärker geneigten Hänge die natürliche Drainage besser ist. Die Hügel bestehen im tieferen Teil aus tonig-schluffigen Sedimenten der glazigenen Itarare-Serie des Karbons. Die Kuppen der Hügel werden dagegen von dem morphologisch harten Itarare-

Sandstein gebildet, der gut durchlässige Braunerden trägt. Im flacheren Gelände sind vor allem auf den ohnehin wenig durchlässigen Ton- und Schluffsteinen des Itarare wiederum humusreiche und teilweise anmoorige Böden weit verbreitet. Hier dominiert ebenfalls Grasland. Unter den moorigen Böden sind die Schluff- und Ton-Gesteine meist tiefgründig zu weißem Ton verwittert *(kaolinisiert).* Das Material eignet sich vorzüglich für die Keramik-Produktion, wozu es in größerem Umfang abgebaut wird.

Dieser Abbau und der Bau von Verkehrswegen stellen die stärksten anthropogenen Eingriffe in den Landschaftshaushalt dar. Da sie aber nur punktuell vorkommen, ist die Wirkung insgesamt als gering anzusehen. Die Überweidung greift zwar räumlich weiter aus, hat hier aber bisher noch nicht so starke geoökologische Veränderungen, vor allem hinsichtlich des Bodens, hervorgerufen wie etwa der Ackerbau in Teilen der aus den wechselfeuchten Tropen Afrikas beschriebenen Schichtstufen. Die mit dem Ackerbau einhergehende Bodenerosion ist ja auch in den mitteleuropäischen Schichtstufen als derzeit aktivster Formungsprozeß mit den stärksten geoökologischen Veränderungen anzusehen.

Literatur zu 2.3: SEMMEL 1986a; GREINERT und HERDT 1987.

2.4 Schichtstufen in warmariden Gebieten Afrikas

In den Halbwüsten und Vollwüsten der Sahara zeichnen sich die meisten Schichtstufen dadurch aus, daß ihr Fuß mit mächtigem Blockschutt *(Hamada)* bedeckt ist. Dieser Schutt verhüllt in der Regel das unter dem harten Stufenbildner liegende weiche Gestein vollkommen. Nur in Anrissen erkennt man die tonig-schluffigen oder mergeligen Schichten. Fast ausnahmslos sind die Blöcke wie auch der größte Teil der freiliegenden Partien des Stufenbildners mit dunklem Wüstenlack überzogen, so daß der Eindruck entsteht, gegenwärtig herrsche weitgehende Formungsruhe. Jedoch lassen sich an manchen Stellen helle Gesteinspartien erkennen, von denen der Wüstenlack abgeplatzt ist. Das gilt auch für viele Blöcke auf dem Stufenfuß. Es findet also auch heute in gewissem Maße Verwitterung statt. Diese ist in dem ariden Klima fast ausschließlich physikalischer Natur, wozu auch die Salzsprengung gezählt werden muß. Als Produkt lang anhaltender physikalischer Verwitterung sind wohl auch die Blockansammlungen zu deuten. Das bei der physikalischen Verwitterung anfallende Feinmaterial, das vor allem aus Kies *(Serir)* und Sand *(Erg)* besteht, wird entweder bei den seltenen Regenfällen abgespült oder vom Wind aufgenommen. Umgekehrt kann auch vom Wind Sand auf die Stufen geweht werden, so daß diese schließlich vollkommen eingedeckt sein können. Entsprechende Beispiele gibt es an vielen Orten in der zentralen Sahara, aber auch im Sahelbereich, wo die Übersandung anthropogen (Überweidung) bedingt an vielen Stellen deutlich zugenommen hat.

Das weiche Gestein unter den Blöcken zeigt häufig Rutschungserscheinungen, deren Spuren bis in das harte Gestein des Stufenbildners zu verfolgen sind. Die meisten dieser Bewegungen erfolgten wohl hauptsächlich in feuchteren Zeiten, also zuletzt im Übergang vom Pleistozän zum Holozän. Bei solchen zeitlichen Festlegungen ist indessen Vorsicht geboten, weil die klimatischen Veränderungen in und an den Rändern der Sahara zeitlich verschieden abgelaufen sein können. Die obige Angabe bezieht sich auf das Gebiet der Homboriberge südlich Timbuktu (Mali).

Der abgespülte Sand wird vorzugsweise im flachen Gelände vor der Stufe sedimentiert. Dort, wo obsequente Trockentäler aus der Stufe heraustreten, sind Sandschwemmfächer ausgebildet, auf denen häufig Siedlungen zu finden sind. Sie liegen im allgemeinen in Positionen, die vor Überschwemmungen sicher sind, da die heutigen Gerinne in die Schwemmfächer eingetieft wurden. Dies spricht dafür, daß es sich bei letzteren um überwiegend reliktische Bildungen handelt, die aus Zeiten mit kräftigerem Materialtransport stammen.

Auf dem Sand der Schwemmfächer wird heute teilweise noch Regenfeldbau betrieben. Jedoch kann nur bei relativ hohen Niederschlägen während einer Regenzeit (Monsunregen am Südrand der Sahara) mit einem Ernteertrag gerechnet werden, der die Aussaat der Hirse lohnt. Sehr oft beginnen die Pflanzen zu welken, bevor die Körner voll entwickelt sind. Günstiger sind Obstbäume gestellt, die mit ihren Wurzeln das lockere Material des Schwemmfächers tief durchdringen und so stellenweise sogar noch Kontakt zum Grundwasser bekommen, das in dem Schwemmfächer in unterschiedlicher Tiefe angetroffen wird und das zugleich auch die Einheimischen für die Trinkwasserversorgung nutzen. Die Kulturen auf den Schwemmfächern sind bei den seltenen, dann aber meist sehr ergiebigen Regen durch den einsetzenden starken Oberflächenabfluß gefährdet.

Von Nachteil für die ackerbauliche Nutzung ist das häufige Vorkommen von Kalk- oder Kieselsäurekrusten. Beide können als Reste intensiver Bodenbildung aus feuchteren Zeiten zurückgeblieben sein und heute nahe oder direkt an der Oberfläche eine Durchwurzelung verhindern. Die ursprünglich vorhandenen Böden sind durch natürliche Abtragung entfernt worden, nur die harten Krusten, die sich an der Basis der Böden als Anreicherungshorizonte bildeten, blieben erhalten. Solche Krusten sind vor allem auf pedimentartigen Unterhängen vor den Stufen verbreitet. Dazu sei ein Beispiel vom Südrand des Tell-Atlas in Algerien angeführt.

Unter der steilen Kalksteinstufe (Abb. 12) tritt Mergel zutage, in dessen Bereich das Gefälle abnimmt. Von der Stufe ziehen Kalkstein-Schuttströme über diese Verflachungen, die heute zerschluchtet sind, es handelt sich also um reliktische Pedimente (Fußflächen). Sie tragen im Bereich des Kalksteinschuttes stellenweise noch Reste von Braunlehmen. Unter diesen ist eine kräftige Kalkkruste als Anreicherungshorizont ausgebildet. Dieser Horizont enthält den Kalk, der durch die Bodenentwicklung im Bereich des heutigen Braunlehms gelöst wurde. An vielen Stellen ist der Braunlehm abgetragen worden und nur noch die Kalkkruste erhalten geblieben. Ähnliches kann auch dort beobachtet werden, wo der Mergel nicht von Kalksteinschutt bedeckt ist. Stellenweise sind hier noch dunkle Tonböden (Vertisole) erhalten, an deren Basis ebenfalls ein Kalk-Anreicherungshorizont zu finden ist. Auch hier wurde vielerorts der Boden abgetragen, und es blieb nur noch die Kalkkruste erhalten. Die Abtragung des Bodens kann eine Folge der Nutzung sein, in vielen Fällen muß aber damit gerechnet werden, daß die Böden bereits im Pleistozän gebildet wurden und unter natürlichen Bedingungen, eventuell durch Vegetations-Auflichtung infolge größerer Aridität, auch noch während des Pleistozäns abgetragen wurden. Pediment-Areale, die von den Böden entblößt wurden,

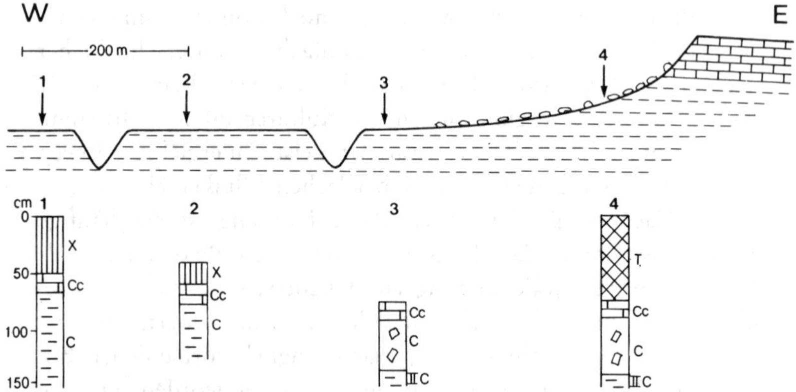

Abb. 12: Kalkstein-Stufe und Böden im Tell-Atlas (Algerien).

1 = Vertisol (dunkler Tonboden) mit Kalkkruste (Cc) über Mergel; 2 = stark erodierter Vertisol; 3 = durch totale Bodenerosion freigelegte Kalkkruste (Cc) über Kalksteinschutt (C) und Mergel (IIC); 4 = Braunlehm mit Kalkkruste über Kalksteinschutt und Mergel.

sind heute in der Regel nicht mehr nutzbar. Allenfalls mit sehr hohem mechanischem Aufwand ist es möglich, Pflanzlöcher für Olivenbäume zu brechen oder gar größere Flächen durch Zerreißen der Krusten in ackerbauliche Nutzung zu überführen. Der auf diese Weise freigelegte Mergel ist aber extrem erosionsanfällig. Es überrascht deshalb nicht, wenn solche Areale in kurzer Zeit zerschluchtet werden. Damit werden sie nicht nur erneut der ackerbaulichen Nutzung entzogen, sondern die kräftige Materialabfuhr trägt auch zur schnellen Verfüllung der Stauseen bei, die für die Bewässerungszwecke in diesen Gebieten in großer Zahl angelegt wurden.

Literatur zu 2.4: Barth 1970; Mensching 1980; Semmel 1987.

2.5 Schichtstufen im rezenten Periglazialgebiet Nordwest-Kanadas

Rezente Periglazialgebiete und mit ihnen ihre Schichtstufenlandschaften haben selbstverständlich auch eine Geschichte, in der sehr unterschiedliche Formungsvorgänge wirken konnten. Meistens sind es hier pleistozäne Vergletscherungen, die deutliche Spuren im Relief hinterlassen haben und die bis heute von den holozänen periglazialen Formungsvorgängen nur wenig überprägt worden sind. Anders verhält es sich dagegen mit den Richardson Mountains im nordwestlichsten Kanada, die zum größten Teil immer eisfrei waren. Diese Gebiete gehören heute vorwiegend der Tundrenzone an. Das jährliche Temperaturmittel beträgt ca. −7,5° C, der mittlere jährliche Niederschlag wird auf ca. 400 mm geschätzt. Die Meereshöhe liegt zwischen 600 und 1000 Meter. Nach Troll und Paffen (1964) kann das Gebiet als klimatische Höhenstufe der Gebirge im Hochkontinentalen Borealklima eingestuft werden. Die eigentlichen Gebirgszüge bilden Schichtkämme aus überwiegend mesozoischen Quarziten. Im westlicheren Teil verflacht jedoch das Schichteinfallen und es sind wiederholt Schichtstufen ausgebildet, deren Stufenbildner ebenfalls aus Quarziten bestehen, die von weichen Tonschiefern unterlagert werden (Abb. 13).

Im Unterschied zu den meisten bisher beschriebenen Schichtstufen fällt auf, daß die Stufen – und das trifft auch größtenteils für die Schichtkämme zu – weitgehend mit mächtigen Blockansammlungen *(Blockmeeren)* bedeckt sind. Das könnte einmal mit der Neigung des Quarzits zusammenhängen, blockartig zu verwittern, eine Erscheinung, die beispielsweise auch manche harten quarzitischen Sandsteine in Mitteleuropa aufweisen. Zum anderen äußert sich hierin aber wohl auch die Dominanz physikalischer Verwitterung, also eine Erscheinung, wie sie im vorhergehenden Kapitel aus den warmariden Gebieten beschrieben wurde. Dort sind bekanntlich ähnliche Blockansammlungen gleichfalls weit verbreitet. Als weitere Gemeinsamkeit zwischen beiden Gebieten fällt auf, daß die Blöcke zum großen Teil den Stufenfuß nicht überwanderten, die flacheren Teile der Pedimente also weitgehend blockfrei oder zumindest blockarm sind. Die Ähnlichkeit der Formen *(Formenkonvergenz)*

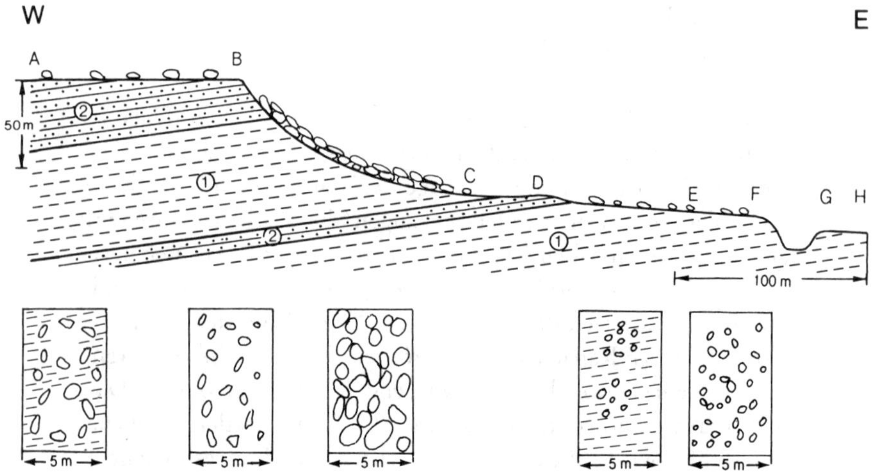

Abb. 13: Quarzit-Stufe und Frostmusterböden in den Richardson Mountains (NW-Kanada).

1 = mesozoische Tonschiefer; 2 = mesozoische Quarzite; A–B = Hochfläche mit Frostmustern (Steinringen), im stufenfernen, geschützteren Bereich mit Grasvegetation, im stufennahen, exponierteren Bereich ohne Vegetation;
B–C = ungeregeltes Blockmeer auf der Stufe;
C–D = herauspräparierte dünne Quarzitbank;
D–E = Quarzitblöcke und Frostmuster über Tonschiefer, grasbedeckt;
E–F = D–E, jedoch ohne Gras, da nahe am Gerinne (F–G) stark exponiert, ähnliches gilt für G–H.

wird schließlich dadurch komplettiert, daß auch die Pedimente durch jüngere Gerinne zerschluchtet sind. Bei den Pedimenten handelt es sich also um Vorzeitformen. Sie entstanden unter kälteren Klimabedingungen als heute. Das derzeitige Tundrengebiet gehörte damals (wahrscheinlich in der letzten Eiszeit) der *Frostschuttzone* an, also einem Klimabereich, in dem die Vegetation fast völlig fehlt und Frostverwitterung dominiert. Aus dieser Zeit stammen auch die Blockhalden.

Die Existenz eines kälteren Klimas kann aus dem Vorkommen fossiler Eiskeile *(Eiskeil-Pseudomorphosen)* abgeleitet werden. Rezente Eiskeile fehlen in diesem Gebiet. Solche Erscheinungen bilden sich dann, wenn bei sehr niedrigen Temperaturen Frostrisse im ständig gefrorenen Boden *(Permafrost)* entstehen. Im Sommer gelangt Tauwasser in die Risse und gefriert. Durch häufige Wiederholung dieser Vorgänge wird der so entstehende Eiskeil immer breiter, vor allem nahe der Oberfläche. Verschwindet der Permafrost – etwa infolge Klimaänderungen –, so taut auch das Eis der Eiskeile auf, und das darüber liegende Substrat fällt in die Hohlformen. In unserem Fall handelt es sich dabei um Schwemmschutt, der auf den Pedimenten liegt, oder an steileren Hängen um Solifluktionsschutt, der als Fließerde im sommerlichen Auftaubereich hangabwärts wandert.

Solche Schuttwanderungen sind im heutigen Tundrenklima eher die Ausnahme. Die dichte Kraut- und Grasschicht hemmt solche Bewegungen. Als Folge haben sich zahlreiche Wülste, Fließerdeterrassen, Solifluktionsloben und ähnliche Formen gebildet, die die Oberflächen mustern und deshalb generell unter dem Begriff *Frostmusterböden* zusammengefaßt werden. Die dichte Vegetation hat außerdem den Effekt, daß sie den Dauerfrostboden gut isoliert, so daß auch im Hochsommer an vielen Stellen kein Auftauboden zu finden ist. Nur an exponierteren Stellen, wo Frost und Wind gut angreifen und die Vegetation zerstören können, kann die Sommerwärme in den Mineralboden eindringen und den Permafrost auftauen. Ähnliche Auswirkungen haben Brände oder Überweidungsschäden durch Rentiere. Auch Touristentritt löst derartige Tauprozesse aus, die als *Thermokarst* bezeichnet werden.

In ganz besonders markanter Weise kann sich Thermokarst beim Straßen-, Gebäude- und Pipeline-Bau auswirken. Hier müssen in der Regel aufwenige Isoliermaßnahmen ergriffen werden, um das Einsinken der Gebäude in den auftauenden Boden zu verhindern. Das gilt vor allem dann, wenn der Dauerfrostboden sehr viel Eis enthält. Besonders in wenig durchlässigen Böden, also hauptsächlich in Ton- und Schluffsubstraten, führt der hohe Gehalt an Bodenwasser zur Entwicklung von Eislinsen, die große Volumenvermehrung bedeuten. Diese hat, wenn durch Zutritt von Luft- oder Gebäudewärme der Dauerfrostboden taut, kräftige Bodensackungen zur Folge.

Literatur zu 2.5: Priesnitz 1981; Semmel 1985, 1987 a.

3. RUMPFFLÄCHENLANDSCHAFTEN

Als Rumpffläche wird eine Abtragungsebene bezeichnet, die über Gesteine unterschiedlicher morphologischer Härte hinweggreift. Solche Formen sollen sich rezent vor allem in den wechselfeuchten Tropen entwickeln. Es wird angenommen, daß reichlich vorhandene Wärme und Feuchte in diesen Gebieten die chemische Verwitterung so stark fördern, daß die primär vorhandenen morphologischen Härteunterschiede nicht mehr zum Tragen kommen. Das vorherrschende Verwitterungsprodukt soll Ton sein, der leicht abspülbar ist. Diese Abspülung sei wegen der nicht so dichten Vegetation in den wechselfeuchten Tropen zudem besonders wirksam. Als Voraussetzung für diesen Mechanismus wird gefordert, daß die Verwitterung der Abtragung stets vorauseilt. Sobald frisches Gestein freigelegt wird, stagniert die Abtragung. Auch die Wasserläufe seien wegen fehlender Erosionswaffen (infolge der intensiven Verwitterung fehlen Gerölle weitgehend) oder Überlastung mit Abtragungsfracht nicht in der Lage, frische Gesteinspartien zu zersägen. Deshalb schreite die flächenhafte Denudation schneller fort als die lineare Erosion.

Dem unbefangenen Leser – wenn es ihn denn gibt – müßte sich hier die Frage stellen, weshalb es trotzdem offensichtlich in den wechselfeuchten Tropen Schichtstufenlandschaften gibt (vgl. Kapitel 2.2). An ihrer Existenz ist nicht zu zweifeln. Vielmehr stellen sie m. E. sogar den Normalfall und Rumpfflächen den Ausnahmefall dar. Abtragungsflächen, die im Niveau des Vorfluters liegen, also des Gewässers, das für das zugehörige Niederschlagsgebiet die lokale Erosionsbasis bildet, gibt es ohne Zweifel in den wechselfeuchten Tropen, vor allem im Bereich kristalliner Sockel, die tektonische Ruhe widerspiegeln. Hier sind aber die Gesteinsverschiedenheiten in der Regel gering. Die klassischen geologischen Voraussetzungen für die Entwicklung einer Schichtstufenlandschaft fehlen demnach. Es dürfte schwerfallen, in Gebieten mit flachlagernden

Sediment-Gesteinen stark wechselnder morphologischer Härte eine weitgespannte unzerschnittene Abtragungsebene in den heutigen Tropen nachzuweisen. Nicht zu bestreiten ist, daß es stellenweise flächenhaft wirksame Abtragung gibt. Sie kann im wesentlichen in zweierlei Weise ablaufen:

Die Hänge werden zurückverlegt, zum Vorfluter hin bilden sich *Pedimente* (Fußflächen) aus. Diese vergrößern sich auf Kosten des höher gelegenen Geländes (Bergketten, Bergländer) immer mehr. Schließlich können nur noch *Restberge* übrigbleiben. Die Pedimente sind zur *Pediplain* zusammengewachsen. Dieser Vorgang wird als *Pediplanation* bezeichnet.

Eine andere Vorstellung geht davon aus, daß ein Fluß durch seitliches Pendeln das Gelände einebnet und tieferlegt. Die Hänge werden durch fluviale Unterschneidung zurückverlegt *(Talbodenpedimentation)*.

Vielfach wird bezweifelt, daß gegenwärtig in den wechselfeuchten Tropen wegen der zu dichten Vegetation überhaupt flächenhafter Abtrag möglich ist, solange nicht anthropogene Eingriffe den Landschaftshaushalt stören. Die nicht zu leugnenden Abtragungsebenen werden als Relikte von Klimaten angesehen, die sich durch größere Aridität und schüttere Vegetationsdecke sowie durch akzentuierteren Niederschlag auszeichneten. Gegenwärtig dominiere die Zerschneidung der Flächen. In der Tat ist wohl nicht zu leugnen, daß die weitgespannten Rumpfflächen der wechselfeuchten Tropen Vorzeitformen sind. Dies sei an Beispielen aus westafrikanischen Kristallin-Gebieten näher beschrieben.

Literatur zu 3: Rohdenburg 1971; Büdel 1981; Wirthmann 1987; Bremer 1989.

3.1 Rumpfflächen in Kristallin-Gebieten Westafrikas

Die Kristallin-Gebiete Westafrikas können als die klassischen Rumpfflächen-Gebiete dieser Erde angesehen werden. In großer Verbreitung findet man in geringer Meereshöhe (200–400 m) weitausgedehnte Reliefs, die den Eindruck totaler Ebenheit hervorrufen. Bei genauerer Betrachtung zeigt sich indessen, daß doch geringe Höhenunterschiede, also leichte Reliefierungen, vorkommen. Diese werden überwiegend durch sehr flache Mulden hervorgerufen, die mit Annäherung an den Vorfluter stärker eingetieft sind, weil dieser sich meist deutlich in die Flachlandschaft eingeschnitten hat. Wichtig ist, daß solche Ebenen sowohl in den wechselfeuchten als auch in den immerfeuchten Tropen vorkommen. Mit dieser Feststellung wird der in der Literatur des öfteren zu findenden Behauptung widersprochen, es gebe einen deutlichen Unterschied in der Reliefentwicklung zwischen beiden Klimabereichen. Für die wechselfeuchten Gebiete sei Flächenbildung, für die immerfeuchten Regionen Zerschneidung typisch. Daß dieser Unterschied nicht besteht, wird dann besonders deutlich, wenn der für die immerfeuchten Tropen charakteristische dichte Regenwald gerodet ist und größeren Plantagen von Ölpalmen etc. Platz gemacht hat und dadurch erst eine genauere Beurteilung des Kleinreliefs möglich wird, also ähnliche Bedingungen wie in den lichten Savannen der wechselfeuchten Tropen vorliegen.

Ist das Relief zwischen beiden Tropenregionen in kristallinen Schwellengebieten schon sehr ähnlich, so gilt Entsprechendes auch für die Böden. In der Regel findet man auf den Flächen Lateritdecken vor. Laterite gelten als Produkte eines extremen Verwitterungsstadiums, für dessen Erreichung sehr lange Zeit, warmfeuchtes Klima und damit verbundene intensive chemische Verwitterung nötig sind. Zugleich darf die Formungsdynamik des Reliefs nur minimale Ausmaße erreichen. Ähnliches gilt vielen Autoren auch als Voraussetzung für die Entwicklung von Rumpfflächen. Vor allem wird tektonische Ruhe als sehr wesentlich dafür angesehen, daß sich die Vorfluter nicht oder kaum eintiefen können und eine langandauernde Phase mit „Einebnungstendenz“ und gleichzeitig flächenhaft wirksamer tiefgründiger Verwitterung gegeben ist.

Folgen solcher Verwitterung sind Verwitterungstiefen von mehreren Zehner Metern. Das frische Gestein geht dabei mit ziemlich scharfer Grenze in isomorphen Gesteinszersatz über, der noch die primäre Struktur erkennen läßt, aber die Gesteinshärte völlig verloren hat und mit der Schaufel bearbeitet werden kann. In diesem Zersatz „schwimmen“ oft zahlreiche noch unverwitterte Blöcke

(Wollsäcke). Über dem Zersatz folgt der *Fleckenhorizont* ("mottled clay horizon"), ein rot und weiß gefleckter Abschnitt, den nach oben der eigentliche Lateritpanzer (Eisenkruste) abschließt. In ihm sind Eisen- und Aluminiumoxide so stark angereichert, daß er stellenweise zu den reichsten Erzlagerstätten gehört. Es fehlen nicht nur sämtliche leichter verwitterbare Mineralien, sondern auch die Kieselsäure. Sie ist in Lösung gegangen und teilweise in tieferen Lagen wieder ausgefällt worden. Gelegentlich bleiben jedoch Reste von sehr massiven Quarzgängen, die das kristalline Gestein durchsetzen, im Lateritpanzer erhalten. Ebenso findet man oft Quarzgerölle in dem Panzer, die in alten Rinnen und flachen Mulden liegen, welche den Panzer zerschnitten haben. Solche Formen zeigen an, daß während der Lateritentwicklung durchaus eine gewisse Morphodynamik möglich war, deren Sedimente, zu denen neben Quarzen auch Bruchstücke von Eisenkrusten gehören, später wieder lateritisiert wurden.

Wenig befriedigend ist bisher der Forschungsstand über das Material, das sehr oft noch über dem Eisenanreicherungshorizont liegt. Es handelt sich dabei um ein sandig-lehmiges Substrat (*Decklehm* oder *hill wash*) mit einer Mächtigkeit bis zu zwei Metern. Das meist hellbraune Material wird von manchen Autoren als Produkt der Termiten-Tätigkeit gedeutet, von anderen als äolische Decke oder auch als Abspülsedimente von höheren Reliefpositionen. Doch solche fehlen an vielen Stellen, und man gerät in Schwierigkeiten, will man die Decklehme nur als Abspülsedimente deuten. Daß andererseits bei ihrer Genese fließendes Wasser beteiligt war, belegen Erosionsdiskordanzen mit Geröllen. Bei dem derzeitigen Forschungsstand ist m. E. nur sicher, daß der Decklehm nicht als autochthoner Verarmungshorizont gedeutet werden kann, aus dem die Oxide ausgewaschen wurden, die nun im darunterliegenden Panzer angereichert sind. Um diese Mengen erklären zu können, müßte ein erheblich mächtigerer Auswaschungshorizont vorliegen. Bemerkenswert ist, daß manchmal relativ frische, leicht verwitterbare Minerale in dem Decklehm enthalten sind.

Daß dieser Decklehm nicht autochthoner Bestandteil der Lateritprofile ist, wird deutlich, wenn man den Profilaufbau in die flachen Mulden hinein verfolgt, die die Rumpfflächen gliedern. Dort zeigt sich nämlich, daß der Panzer, der Fleckenhorizont und auch der Zersatz von den heutigen Hängen und dem Decklehm geschnitten werden, ja sogar stellenweise die Mulden bis in das unverwitterte Gestein eingetieft sind (Abb. 14). Der Decklehm überlagert also hangabwärts die verschiedenen Horizonte des Lateritprofils. Er enthält Material des Panzers und erweist sich damit zweifelsfrei als jüngere Decke. Sie wird heute von der Mehrzahl der Autoren als Produkt jungpleistozäner Umlagerungen gedeutet, die sich infolge größerer Aridität und damit verbundener Vegetationsauflichtung bildeten. Die Lateritbildung gehört aber damit in noch ältere Zeiten.

Der Decklehm ist von enormer Bedeutung, denn erst er ermöglicht das Aufkommen nennenswerter Baumbestände auf dem Laterit und auch die ackerbauliche Nutzung. Dabei bleibt bemerkenswert, daß trotz der an vielen Stellen nachweisbaren Allochthonie des Materials das Ausgangsgestein im Untergrund den Decklehm deutlich beeinflußt. Ist das Ausgangsgestein unter dem Laterit ein saurer Granit, so ist auch der Decklehm und mit ihm der in ihm entwickelte Boden (Acrisol = basenarme Parabraunerde) sauer und basenarm. Liegt dagegen ein basisches Gestein, also etwa Gabbro, im Untergrund, so steigen der Basengehalt und das pH im Decklehm deutlich an, und statt der basenarmen Acrisole sind nunmehr Luvisole (basenreiche Parabraunerden) anzutreffen.

Die relativ geringmächtigen Decklehme fallen insbesondere bei etwas stärker geneigten Reliefpartien leicht der Bodenerosion zum Opfer. Dadurch werden Krusten freigelegt, und die weitere Ackernutzung ist oft nicht mehr möglich. Die Bodenerosion kann dagegen dort eine Verbesserung der Standortqualität verursachen, wo unter dem Decklehm relativ frischer und noch basenreicherer Zersatz freigelegt wird. Dadurch erhöht sich das Nährstoffangebot, der Wasserhaushalt verschlechtert sich allerdings in dem grobkörnigen und sehr durchlässigen Zersatz. Fördert man die Bodenerosion mit dieser Zielvorstellung, so bleibt zu berücksichtigen, daß der Zersatz meist nicht unergründlich ist. Nach entsprechendem Abtrag wird also das feste Gestein erreicht werden und damit das Ende der Ackernutzung gekommen sein.

Nicht immer muß dort, wo der Decklehm fehlt, anthropogen be-

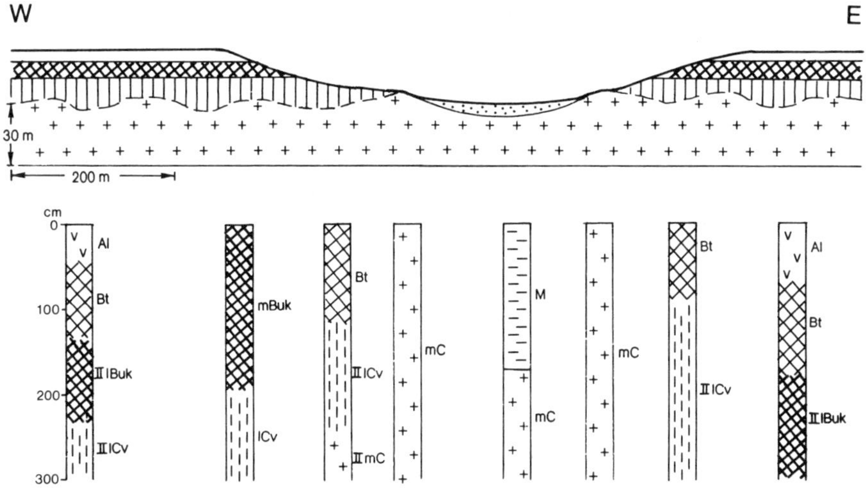

Abb. 14: Zerschnittene Laterit-Fläche mit typischer Bodenverbreitung in Westafrika.

In dem flachen Muldentälchen liegt über dem unverwitterten Kristallin (mC) sandiges Kolluvium (M). Seitlich davon tritt unverwittertes Kristallin zutage. Aufwärts schließt sich Zersatz (IIlCv) mit erodierten Parabraunerden (Bt) an. An den Kanten des Tälchens ist die Eisenkruste des Laterits (mBuk) freigelegt. Seitlich davon liegt über der Kruste Decklehm mit Parabraunerden (Al–Bt).

dingte Bodenerosion die Ursache dafür sein. Die totale Abspülung – eventuell auch Abwehung – kann auch noch unter den schon erwähnten arideren Bedingungen im Pleistozän erfolgt sein. Aus diesem Grund kommt es nicht selten zu Fehleinschätzungen hinsichtlich des Ausmaßes rezenter Bodenerosion. Flächen, die vor langer Zeit unter natürlichen Bedingungen ihre Feinmaterialdecke verloren haben, werden irrtümlich als durch junge Bodenerosion geschädigt ausgewiesen.

Die Ackernutzung ist manchmal auf den Lateritflächen durch vernäßte Areale eingeschränkt. Es handelt sich dabei vorzugsweise um abflußlose seichte Hohlformen, die durch *Lateritverkarstung* entstehen können. Im Laterit können durch chemische Lösung oder vielleicht auch durch mechanische Abfuhr von Feinmaterial unterirdische Hohlformen entstehen, die zu Sackungen an der Oberfläche führen. Wenn sich die Hohlräume durch neuzugeführtes Feinmaterial dichtsetzen, sammelt sich zumindest in der Regenzeit Wasser in den abgesunkenen Partien. In der Trockenzeit verschwindet dieses Wasser zwar weitgehend, die Umgebung bleibt jedoch deutlich feuchter und ermöglicht dichteren Graswuchs, der in den Jahreszeiten, in denen die übrige Savanne kaum Nahrung für das Vieh bietet, von den Viehzüchtern sehr geschätzt wird.

Neben der landwirtschaftlichen und der schon erwähnten möglichen Nutzung als Erzlagerstätten ist bei den Lateriten noch zu beachten, daß sie – vor allem der Fleckenhorizont – für die Ziegelherstellung verwendet werden, eine Eigenschaft, die bekanntlich zur Bezeichnung *Laterit* führte.

Die vorstehenden Ausführungen zur Laterit- und zur Rumpfflächen-Genese in den westafrikanischen Kristallin-Gebieten lassen trotz der offenen Fragen die Folgerung zu, daß in holozäner Zeit offensichtlich weder flächenhafte Abtragung noch Lateritbildung dominierten. Lediglich bei ackerbaulicher Nutzung und bei Überweidung ist nennenswerter flächenhafter Abtrag möglich.

In diesem Zusammenhang darf nicht verkannt werden, daß auch unter natürlichen Bedingungen lokal günstige Umstände für flächenhaft wirksame Abspülung entstehen können, etwa im Bereich von stark frequentierten Wildwechseln oder bei Vegetationsbeständen, die aus edaphischen Gründen schütter sind. Solche Stellen kommen oft in Verbindung mit länglichen flachen Einmuldungen vor, den *Dambos*. Sie entstehen oberhalb von harten Gesteinsriegeln im weichen Zersatz, weil dort die Ausräumung leichter vonstatten geht. Das entwässernde Gerinne kann beispielsweise wegen einer harten Bank im Gestein die lokale Erosionsbasis nicht tieferlegen, so daß oberhalb davon eine flächenhafte Ausraumform entsteht.

In ähnlicher Weise werden auch größere, intramontane Ebenen gebildet. Sie können wegen der jeweils recht verschieden hohen lokalen Erosionsbasis im gleichen Gebiet in recht unterschiedlicher Meereshöhe vorkommen. Der Bodenaufbau widerspricht in diesen Formen jedoch der oft vertretenen Auffassung, daß in solchen Abtragungsebenen die Verwitterungstiefe sehr groß sei. Da sich der lokale Vorfluter in der Ebene nicht deutlich eingeschnitten hat, vielmehr in der Regenzeit zeitweise die Ebene unter Wasser steht, hemmt die insgesamt schlechte Drainage die Verwitterung. Statt tiefgründiger Verwitterungsböden (z.B . Rotlehme mit mächtigem Zersatzhorizont) entstehen vor allem bei basischen Gesteinen nur relativ flachgründige Böden (Vertisole), bei denen unter dem eigentlichen Solum bereits in weniger als zwei Meter Tiefe das unverwitterte Gestein ansteht. Solche Ebenen sind natürliches Grasland. Die Frage, ob unter dieser Vegetation überhaupt Boden abgespült werden kann, ist nicht eindeutig zu verneinen. Die häufig horstartige Verteilung der Gräser setzt immer wieder unbedeckte Partien dem Zugriff der Abspülung aus. Das gilt selbstverständlich noch mehr bei Beweidung, welcher diese Ebenen heute fast ausnahmslos unterliegen. Im übrigen trägt die Quellungs- und Schrumpfungsdynamik der Vertisole erheblich dazu bei, daß ständig Lockermaterial für die Abtragung bereitgestellt wird. Wegen der gehemmten Verwitterung bilden sich in den Vertisolen hauptsächlich quellfähige Tonminerale (Smectite), während bei intensiverer Verwitterung vorzugsweise Kaolinite, die eine ähnliche Dynamik nicht besitzen, entstehen. Sie sind der Hauptbestandteil der Tone von rötlichen und braunen Böden mit mächtigen Zersatzhorizonten, die als typisch für die gut dränierten Hänge gelten.

Obwohl die Montmorillonitböden wesentlich höhere Basengehalte haben als die Kaolinitböden, werden sie von den einheimischen Bauern nicht genutzt, da sie wegen ihres hohen Tongehaltes und der Quellung und Schrumpfung schwer zu bearbeiten sind. Außerdem zerstört die Überschwemmung in der Regenzeit sehr oft die vorher ausgebrachte Saat. Für basenarme rötliche Böden gelten dagegen diese Nachteile nicht. Sie sind deshalb trotz ihres geringeren Nährstoffdargebots die bevorzugten Ackerstandorte. Allerdings ist nach einer Anzahl von Jahren in der Regel ein Auflassen der Böden zu einer längeren Brachezeit nötig. Die Dauer der Nutzung ist ebenso wie die Dauer der Brache von der Qualität der Böden abhängig. Diese hängt vom Gestein und vom Relief ab. Das wurde schon im Zusammenhang mit der Beschreibung der Bodenabfolge in den flachen Mulden, die die Rumpfflächen überziehen, erwähnt. Doch sind dies nicht die einzigen Reliefierungen, die in einer Rumpfflächenlandschaft auftreten können.

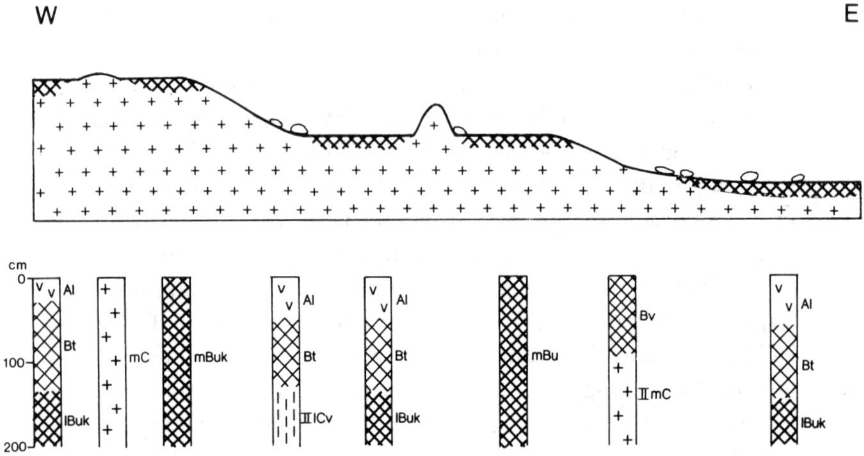

Abb. 15: Rumpfflächentreppe, Inselberge und Böden in Westafrika.

Die Lateritkrusten (mBuk) bilden an exponierten Stellen direkt die Oberfläche, an geschützteren Stellen liegt Decklehm mit Parabraunerden (Al–Bt) auf ihnen. Im Bereich von Inselbergen tritt das frische Gestein (mC) zutage. Auf den Stufenhängen fehlt die Lateritkruste, hier ist über dem Zersatz im Decklehm ebenfalls eine Parabraunerde ausgebildet oder, wenn der Zersatz fehlt, im Decklehm über dem unverwitterten Gestein eine Braunerde (Bv). Am Fuß der Stufe liegen oftmals freigespülte Wollsäcke (unverwitterte Gesteinsblöcke).

Auf einer Rumpffläche kommen oft *Inselberge* vor (Abb. 15). Es handelt sich dabei um frisches Gestein, das aus den umgebenden Verwitterungsdecken, meist Laterite, der Rumpffläche relativ unvermittelt aufsteigt. Oft sind es sehr flache Formen (Schildinselberge), oft aber auch außerordentlich steilhängige Berge, die ihrem Paradebeispiel, dem Zuckerhut in Rio de Janeiro, sehr ähnlich sehen. Weshalb diese Gesteinspartien von der intensiven chemischen Verwitterung verschont geblieben sind, kann unterschiedliche Ursachen haben. Am häufigsten dürften Gesteinsunterschiede (höherer Kieselsäuregehalt, feinkörnigere Struktur etc.) eine Rolle spielen. Monolytische Inselberge *(Bornhardts)*, also Formen, die aus dem völlig gleichen Gestein wie ihre stärker verwitterte und abgetragene Umgebung bestehen, lassen sich als *Restberge* deuten, die bei der bereits beschriebenen Pediplanation im Wasserscheidenbereich erhalten blieben.

Ist das frische Gestein erst einmal freigelegt, so tritt die Intensität der chemischen Verwitterung stark zurück, es wirkt nunmehr vor allem die physikalische Verwitterung. Bei ihr spielt der Temperaturwechsel zwischen Tag und Nacht eine große Rolle, hauptsächlich aber die Erhitzung durch die Sonneneinstrahlung *(Insolationsverwitterung).* Parallel zu den Oberflächen bilden sich Klüfte, und es rutschen unterschiedlich große Gesteinsplatten ab. Am Fuß des Berges zerfallen sie allmählich zu Schutt und Sand. Der Sand wird von den Wassermassen, die vom Inselberg ablaufen, auf die meist leicht abfallenden pedimentartigen Übergänge zur Rumpffläche verspült. Solche Inselbergpedimente zeichnen sich deshalb durch sandige Standorte aus, die trotz ihrer Trockenheit bevorzugt für anspruchsvollere Nutzpflanzen (zum Beispiel Baumwolle) geeignet sind, da sie verhältnismäßig basenreich sind, denn das sandige Material enthält bekannterweise sehr viel chemisch wenig verwittertes Gesteinssubstrat.

Nicht alle Berge, die über eine Rumpffläche aufragen, sind völlig von der Bodendecke entblößt. Insbesondere bei nicht zu steilen Hängen können auch mächtigere Verwitterungsprofile erhalten sein. Solche tiefgründigen Lockermassen geraten bei stärkerer Durchfeuchtung oft ins Rutschen, vor allem auch dann, wenn durch anthropogene Eingriffe die Vegetations- und Bodendecke und damit der Wasserhaushalt empfindlich gestört werden. Die mit solchen Eingriffen einhergehende stärkere Bodenvernässung vermindert den Reibungswiderstand und die Scherfestigkeit des Bodens und es kommt zu ähnlichen Massenbewegungen, wie sie schon bei den Ausführungen über die Schichtstufen erörtert wurden.

Inselberge bilden oft zusammenhängende Ketten, so daß auch von Inselbergländern gesprochen werden kann. Häufig sind Inselberge auch Vorposten eines allgemeinen Geländeanstiegs auf den Rumpfflächen. Ein solcher Anstieg kann eine tektonische Bruchstufe darstellen, kann aber auch als Rumpfstufe entstanden sein. Im letzten Fall trennt er zwei verschieden alte, oft in verschiedener Meereshöhe gebildete Rumpfflächen. Nach der Entwicklung der höheren unterband tektonische Heraushebung des gesamten Bereiches die Flächenbildung. Erst als danach wieder tektonische Ruhe einkehrte, setzte von der neu entstandenen tieferen Erosionsbasis her erneut Flächenbildung ein, die sich auf Kosten der höheren Altfläche ausdehnte. Im Grenzbereich zwischen beiden Flächen, der Rumpfstufe, ist wegen der starken Hangneigungen die Abtragung an vielen Stellen so intensiv, daß keine mächtigeren Verwitterungsböden entstehen können und deshalb ähnlich wie bei den Inselbergen frisches Gestein angeschnitten wird.

Ähnliches gilt natürlich auch dann, wenn die Stufen durch Bruchtektonik entstanden ist. Ein wesentlicher Unterschied zwischen beiden Stufen besteht jedoch darin, daß die Bruchstufe nur Teile *einer* Rumpffläche trennt, während bei der Rumpfstufe zwei verschieden alte Flächen aneinandergrenzen. Von praktischer Bedeutung ist, daß im Bereich von Bruchstufen das Gestein zerrüttet ist und größere Mengen Grundwasser speichern kann, hingegen im Bereich der Rumpfstufe das kristalline Gestein die übliche geringe Wasserdurchlässigkeit und Speicherfähigkeit aufweist.

Die Frage, wo Grundwasservorkommen zu erschließen sind, spielt bei vielen Projekten der wirtschaftlichen Erschließung in tropischen Rumpfflächenlandschaften eine große Rolle. Die meisten kristallinen Gesteine sind ohnehin arm an Speichervolumen. Die tonigen Verwitterungsdecken verringern die Grundwasserspende in den Tropen zusätzlich. Da tiefer eingeschnittene Täler selten sind, fehlen auch tiefer liegende Landschaftsteile, in die das Grundwasser wandert und sich in größerer Menge konzentriert. Aus den gleichen Gründen wird auch die Anlage von Stauseen erschwert, die zusätzlich der Bewässerungswirtschaft und der Energiegewinnung dienen können. Solche Seen sind sehr flach und haben eine unverhältnismäßig große Oberfläche, die erheblichen Verdunstungsverlust bedeutet. Die gelegentlich vertretene Auffassung, mit solchen Aufstauungen, auch viel kleineren Ausmaßes, würde die Grundwasseroberfläche angehoben, verkennt, daß wegen schwer durchlässigen Gesteins und dichter Bodendecke oft schon in geringem Abstand von den Seen oder Tümpeln kein Grundwasser mehr zu finden ist. Nur an der Grenze zwischen durchlässigerem Gesteinszersatz und frischem Kristallin, die in recht großer Tiefe liegen kann, werden – im allgemeinen – geringe Grundwassermengen angetroffen. Unter

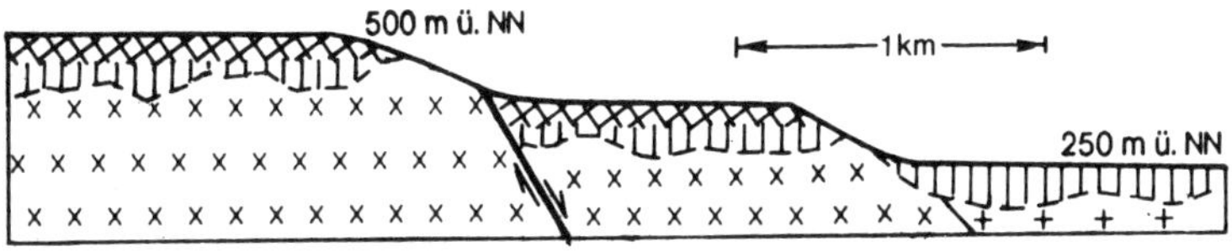

Abb. 16: Rumpf- und Bruchstufen.

Die linke Stufe ist eine Bruchstufe, die durch eine tektonische Verwerfung entstand, die eine ursprünglich einheitliche Rumpffläche mit Lateritdecke in zwei verschiedenen Niveaus gebracht hat. Die rechte Stufe ist eine Rumpfstufe, die dadurch gebildet wurde, daß jüngere flächenhafte Abtragung die ältere Rumpffläche teilweise aufzehrte. Auf der jüngeren Fläche erfolgte keine Lateritisierung mehr. Möglicherweise hängt das damit zusammen, daß im Untergrund saures Gestein ansteht und nicht basisches wie bei den höheren Flächen. Auf basischeren Gesteinen entstehen vielfach wegen des primär höheren Eisengehaltes mächtigere Lateritdecken, die gegenüber der jüngeren Abtragung resistenter sind.

ökologischen Aspekten bleibt außerdem zu beachten, daß jeder künstliche Stau dem natürlichen Kreislauf Wasser entzieht. Dadurch können zwar Hochwässer reduziert werden, aber gleichzeitig verringert sich wahrscheinlich auch die Grundwasserspende talabwärts, so daß hier mit Absenkungen des Grundwasserspiegels zu rechnen ist.

Die Situation für die Anlage von Stauseen muß vielfach selbst dann als ungünstig beurteilt werden, wenn größere Höhenunterschiede in den Rumpfflächenlandschaften vorkommen, wie etwa bei den beschriebenen Rumpfstufen. Wenn es sich nicht um sehr große Höhenunterschiede und um weitausgedehnte höher gelegene Einzugsgebiete handelt, sind wegen der geringeren Erosionskraft tropischer Flüsse nur kurze Täler ausgebildet. Für die Energiegewinnung ist allerdings günstig, daß sie viele Katarakte aufweisen, also auf kurzer horizontaler Distanz große vertikale Differenzen; ein Umstand, der bekanntlich die Schiffbarmachung der meisten tropischen Täler sehr erschwert oder sogar unmöglich macht.

In Abb. 16 sind schematische Darstellungen von Rumpfstufen und Bruchstufen zu finden. Dort ist aber auch eine Rumpfstufe dargestellt, die sich von den bisher erörterten Beispielen dadurch unterscheidet, daß die Bodenbildungen auf den verschieden alten Flächen sehr differieren. Auf der höheren, älteren Form liegt in großer Verbreitung eine Lateritdecke, auf der tieferen, jüngeren Form fehlt dagegen nicht nur der Laterit, sondern nahezu jede intensivere Bodenbildung, wenn außer acht bleibt, daß tiefgründiger Kristallinzersatz an vielen Stellen anzutreffen ist. Ursprünglich war hier eine rötlichbraune Bodendecke mit hellerem tonärmerem Oberboden und kräftig rötlicher gefärbtem tonreicherem Unterboden, also ein Acrisol (basenarme Parabraunerde) entwickelt, wie er in den Tropen häufig anzutreffen ist. Von diesem Boden sind nur noch in sehr geschützten Positionen Reste erhalten geblieben. Der größte Teil wurde abgetragen, als die jüngere Rumpffläche einer gewissen fluvialen Überprägung unterlag, die wohl auch mit arideren Klimaphasen im Jungpleistozän zu verbinden ist.

Die großenteils heute ackerbaulich genutzten Grusböden haben einen mittleren Basengehalt, der an manchen Stellen Dauer-Feldbau erlaubt. Wenn dennoch insbesondere bei den traditionellen Hirseanbauern nicht selten Mißernten zu verzeichnen sind, dann liegt das weniger an unzureichender Nährstoffversorgung als am Wassermangel, der sich in trockenen Jahren in diesen durchlässigen Böden mit geringer Feldkapazität einstellt.

Die Rumpfstufe, die hier zugleich eine *Krustenstufe* darstellt, fällt ungefähr mit einer Gesteinsgrenze zusammen. Die höhere Fläche ist nicht im gleichen sauren Granit wie die untere ausgebildet, sondern in dioritischem Gestein, das wesentlich basischer ist. Auf basischen Gesteinen bilden sich im allgemeinen massivere Laterite aus als auf basenärmeren. Solche Laterite sind mit ihren stabilden Krusten aber erheblich abtragungsresistenter. Deswegen überrascht es nicht, daß die jüngere Denudation vor allem im Bereich der sauren Gesteine mit weniger massivem Laterit wirksam war.

Die durch die jüngere Flächenbildung herauspräparierte Krustenstufe fällt nicht haargenau mit der Gesteinsgrenze zusammen, sondern ist etwas in den basischen Gesteinsbereich hineinverschoben (vgl. Abb. 16). Der Stufenhang und auch die randlichen Teile der tieferen Fläche sind von Bruchstücken des Lateritpanzers übersät. Stellenweise liegen solche Panzerreste mit aus dem Kristallinzersatz freigespülten unverwitterten Diorit-Wollsäcken zusammen. Manchmal findet man auch größere unterspülte Partien von Lateritpanzer auf dem Dioritzersatz oder sogar auf Grundhöckern, wie die höher aufragenden unverwitterten Gesteinspartien genannt werden.

In diesem Grenzbereich sind auf dem basenreicheren dioritischen Zersatz vielfach Vertisole, also die schon mehrfach erwähnten basenreichen montmorillonithaltigen dunklen Tonböden zu finden. Das gilt allerdings nur für die wechselfeuchten, nicht für die immerfeuchten Tropen, denn für die Genese der Vertisole ist die Trokkenphase und die damit verbundene Schrumpfung erforderlich. Dadurch wird die charakteristische Durchmischung des Bodens bewirkt. Außerdem kehrt sich die Bodenwasserbewegung in den Trokkenzeiten um. Die aszendenten Wässer bringen in die oberen Bodenbereiche Basen aus den tieferen, weniger verwitterten Partien des Solums oder gar des unverwitterten Gesteins.

Ähnlich markante Wechsel in den Bodenabfolgen gibt es auch dann, wenn innerhalb saurer Kristallin-Gesteine schmale basischere Partien eingeschaltet sind. Diese erscheinen in der Regel als Hügelketten. Das basische Gestein war hier ebenfalls die Ursache für die Ausbildung eines besonders mächtigen Lateritpanzers, der die Abtragung außergewöhnlich behinderte. Reste solcher Panzer sind noch in den Hügelketten zu finden. Die Hänge selbst sind mit Decklehm überzogen, in dem zahlreiche Lateritbrocken, aber auch viele frische Gesteinsscherben liegen. Aus dem ganzen, insgesamt recht basenreichen Substrat ist eine Braunerde (Cambisol) mit hohem Basengehalt hervorgegangen, die meist Dauerfeldbau erlaubt. Das Solum, wie auch insgesamt der Decklehm, ist nicht sehr mächtig. Auf den hängigen Lagen muß deshalb der Erosionsgefahr besondere Beachtung geschenkt werden. Deshalb hat hier bei vielen Stämmen die Terrassenkultur seit langem Tradition. Es darf aber nicht unerwähnt bleiben, daß es Ethnien gibt, die eine solche Kultur nicht kennen und sich auch mit Rücksicht auf traditionelle Gepflogenheiten weigern, Terrassen-Feldbau zu betreiben. Bei der Landnutzung fällt außerdem auf, daß oft nicht die nährstoffreichsten Böden bevorzugt bebaut werden, sondern mit Vorliebe die sandigsten. Obwohl diese sowohl von seiten der Nährstoff- wie auch der Wasserversorgung ungünstige Standorte sind, werden sie den tonigeren Böden wegen ihrer leichteren Bearbeitbarkeit vorgezogen.

Die vorstehenden Ausführungen zu den Rumpfflächen beziehen sich auf die heute wechsel- und dauernd feuchten Regionen westafrikanischer Kristallingebiete. Danach sind die großen Rumpfflächensysteme im wesentlichen vorzeitliche Formen. Die genaueren Umstände ihrer Entwicklung, insbesondere die Frage, in welchem zeitlichen Zusammenhang intensive chemische Verwitterung und flächenhaft wirksame Abtragung stehen, erscheinen mir derzeit nicht sicher geklärt. Zu diesem Ergebnis wird unschwer auch der Leser der hier zum Kapitel „Rumpfflächenlandschaften“ angeführten Literatur kommen.

Abschließend sei aber noch kurz auf das Vorkommen weitgespannter Abtragungsebenen im ariden Teil Westafrikas eingegangen. Dort gibt es in kristallinen Gesteinen der Sahara des öfteren ausgedehnte Flachformen, deren Oberflächen im vergrusten Kristallin angelegt sind. Stellenweise sind sogar Lateritdecken oder Böden erhalten geblieben, die deutlich feuchteres Klima zu ihrer Entwicklung benötigten, etwa Rot- oder Braunlehme. Sie stammen wohl überwiegend aus dem Tertiär oder aus den feuchteren Abschnitten pleistozäner Interglaziale. Es spricht m. E. der Gesamtbefund dafür, daß solche Formen gegenwärtig ihrer Bodendecke beraubt werden beziehungsweise an vielen Orten schon total verlustig gegangen sind. Ähnliche Auffassungen werden von verschiedenen Autoren vertreten, die hier von „traditioneller Weiterbildung“ der Flächen sprechen. Eine andere Deutung, die die Vergrusung des Kristallins als rezenten Vorgang betrachtet, und sie in zeitlicher Verbindung mit dem flächenhaften Abtrag sieht, trifft wohl nicht zu. Wenn man diese aride „Flächenbildung“ als Modell für die Rumpfflächenentwicklung in den heute feuchten Tropen heranziehen will und sie mit früheren arideren Phasen in diesen Gebieten in Zusammenhang bringt, wird dabei doch wohl übersehen, daß die intensive Tiefenvergrusung des Kristallins hier mit feuchttropischer Verwitterung erklärt werden muß.

Literatur zu 3.1: Fölster 1971; Semmel 1982; Rohdenburg 1983; Bremer 1989.

3.2 Rumpfflächen im Rheinischen Schiefergebirge

Rumpfflächen sind auch außerhalb der heutigen Tropen weit verbreitet. Eine klassische Rumpfflächenlandschaft ist das Rheinische Schiefergebirge. Das dortige, kräftig gefaltete Grundgebirge wirkt an der Oberfläche häufig wie radikal geglättet und in mehrere Rumpfflächen-Stockwerke gegliedert. Es ist nicht zu leugnen, daß die steilstehenden Schichten – vor allem des Schiefers – von der Abtragung glatt geschnitten werden. An vielen Stellen tragen diese Schnittflächen noch Reste tiefgründiger Bodenbildungen. Es handelt sich dabei um tonige Grau- und Weißlehme, die in Verbindung mit geringem Gefälle und wegen der hohen Niederschläge (Meereshöhe oft mehr als 400 Meter) die Ursache für manchmal extreme Staunässe bilden (Stagnogleye, Molkenböden). Bis heute ist umstritten, ob diese unter den tropischen oder subtropischen Klimabedingungen des Tertiärs entstandenen Lehme, deren Hauptbestandteil Kaolinit ist, nur der untere Teil ehemaliger Rotlehme sind oder ob sie primär schon keine rötlichen Oberböden getragen haben, wie das beispielsweise bei rezenten Weißverwitterungen der immerfeuchten Tropen partiell beobachtet werden kann. Hydrothermale, also heiße, aus der Erdtiefe kommende Wässer haben solche weißen, tonigen Zersatzzonen in Gesteinen des Rheinischen Schiefergebirges außerdem ebenfalls hervorgerufen. Doch ist insgesamt nicht daran zu zweifeln, daß Rumpfflächenreste und tiefgründige exogene Verwitterung zusammengehören. Von daher wird verständlich, daß viele Autoren das Klima, das diese Verwitterung bewirkt hat, zugleich auch als ausschlaggebend für die Flächenbildung ansehen. Die Zeiten, in denen derartige Formung möglich war, wiederholten sich offensichtlich mehrfach. War man früher der Auffassung, daß die Flächenbildungsphasen immer wieder von Phasen tektonischer Hebung unterbrochen wurden und auf diese Weise das heutige Flächen-Stockwerk entstand, so wird heute nicht mehr ausgeschlossen, daß auch primäre Meeresspiegelschwankungen eine große Rolle hierbei spielten, die bei lang anhaltenden Hochständen eine weitgehende Nivellierung des Festlandes durch die sehr hochliegende Erosionsbasis ermöglichten.

Die Verwitterungsdecke ist sehr ungleichmäßig erhalten. Auf größeren Flächenresten kommt sie häufiger vor als auf kleineren, weil bei letzteren die spätere Abtragung leichteren Zugriff hatte. In der Literatur wird allgemein vertreten, daß die höheren und älteren Flächenreste kräftiger verwittert seien als die tieferen und jüngeren. Doch trifft das keineswegs immer zu, denn gerade die spätere Abtragung kann auf den älteren Flächen viel nachhaltiger gewirkt haben als auf den jüngeren, sind doch die höheren Reliefteile generell viel stärker exponiert und stand doch der Flächenzerstörung hier eine viel längere Zeit zur Verfügung. So darf angenommen werden, daß eine jungkretazische oder alttertiäre Rumpffläche ca. 60 Millionen Jahre alt ist, gegenüber einer pliozänen Fläche mit einem Alter von ca. fünf Millionen Jahren.

Inwieweit sich die unterschiedliche Exponiertheit bemerkbar machen kann, sei mit folgenden Überlegungen verdeutlicht:

Eine in 500 Meter Meereshöhe gelegene Form war beispielsweise während der pleistozänen Kaltzeiten überwiegend den rigiden Denudations- und Erosionsvorgängen der periglazialen Frostschuttzone ausgesetzt. Eine in 300 Meter Meereshöhe gelegene Form lag während der pleistozänen Kaltzeiten dagegen in einem Bereich, in dem neben der Abtragung die Akkumulation von äolischen Lößlehmdecken zeitweise von Bedeutung war. Dadurch wurde ohne Zweifel die Zerstörung der Fläche verlangsamt.

Für Fragen der heutigen Nutzung können solche Unterschiede bedeuten, daß auf der jüngeren, tieferen Fläche staunasse Böden mit ihren ökonomischen Nachteilen weit verbreitet sind, auf der älteren, höheren Fläche statt dessen Böden dominieren, die aus flachgründigen periglazialen Schuttdecken hervorgegangen sind. Deren Nährstoff- und Wasserhaushalt ist wegen des geringen Wurzelraumes eingeschränkt. Da die Bäume nur flachwurzeln, sind sie anfällig gegen Windwurf.

Der Oberflächenabfluß ist auf den staunassen Böden größer als auf den durchlässigen Schuttböden. Bei Beackerung stellt sich deshalb im ersten Fall schnell Bodenerosion ein, die die meist vorhandenen geringmächtigen Lößlehmdecken abträgt und den Standort erheblich verschlechtert. Infolge dieses verstärkten Oberflächenabflusses werden die Hänge unterhalb der Flächenreste zerschluchtet. Die Schuttböden können dagegen mehr Wasser aufnehmen und dem verzögerten oberflächennahen Abfluß zuführen *(Interflow)*. Dadurch wird nicht nur die Bodenerosion eingeschränkt, sondern auch die Zerschluchtung der tieferen Hänge vermieden. Insgesamt verringert sich die Hochwassergefährdung in den anschließenden Tälern.

Relativ günstig ist demgegenüber das jüngere Niveau mit der mächtigeren Verwitterungsdecke zu beurteilen, wenn etwa eine Hochdeponie eingerichtet werden soll. Hier bildet der undurchlässige Boden eine gute Schutzschicht für das tieferliegende Grundwasser. Dieses schützt er zugleich gegen Verunreinigungen, die von der landwirtschaftlichen Nutzung ausgehen können (Gülle, künstliche Düngung). Andererseits wird natürlich die Rate der Grundwassererneuerung eingeschränkt. In dieser Hinsicht ist der Schuttboden der höheren Niveaus günstiger zu beurteilen. Unabhängig davon gilt aber, daß generell der Tonschiefer sehr hohlraumarm ist und deshalb Grundwasser im heute gemeinhin benötigten Umfang aus diesem Gestein nicht gewonnen werden kann.

Obwohl wir uns im Rheinischen Schiefergebirge in einer Rumpfstufenlandschaft befinden, gibt es ähnlich wie in den westafrikanischen Kristallingebieten auch Höhenunterschiede, die andere Ursachen haben. Das sind einmal die sogenannten Härtlingszüge. Dabei handelt es sich um Höhenrücken, die aus dem morphologisch sehr harten Quarzit bestehen. Diese belegen zugleich, daß offensichtlich die intensive chemische Verwitterung im Tertiär die gesteinsbedingten Härteunterschiede nicht auslöschen konnte. Die höchsten Erhebungen im Süden des Rheinischen Schiefergebirges, deren Verflachungen zugleich Reste der ältesten Abtragungsebenen darstellen, sind solche Quarzitzüge (Hunsrück, Taunus). Dieses Gestein muß wohl unter allen Klimabedingungen als morphologisch härter als die umgebenden Tonschiefer eingeschätzt werden. Die große Wasserdurchlässigkeit des Quarzits führt an der Grenze zum dichten Tonschiefer zu zahlreichen Quellenaustritten und damit verbundenen Abtragungsvorgängen, wie sie ähnlich an Schichtstufen zu beobachten sind. Solche Quellen werden seit alters her auch für die Trinkwasserversorgung genutzt. Viele Kommunen beziehen noch heute große Teile ihres Wassers aus dem Quarzit.

Das Wasser ist stellenweise von einer Reinheit, die destilliertem

Wasser nahekommt. Mit dazu trägt bei, daß auf den im allgemeinen ziemlich hängigen Quarzitarealen kaum geackert wird, sondern fast ausschließlich Wald zu finden ist. Allerdings stockt dieser auf sehr schlechten, nährstoffarmen und sauren Böden. Ursache dafür ist der fast aus reinem SiO_2 bestehende Quarzit, der zugleich wegen seiner Durchlässigkeit und Flachgründigkeit ein relativ trockener Standort ist, ein Nachteil, der sich trotz im allgemeinen hoher Niederschläge bei gelegentlichen Trockenperioden sehr bemerkbar macht. Das saure Milieu führt zu kräftiger Podsolierung der Böden. Die auf die Zufuhr von Luftschadstoffen zurückgeführten „neuartigen Waldschäden“ sind auf solchen Standorten besonders oft anzutreffen. Die davon ausgehende Kontamination der Böden wird wahrscheinlich auch auf das Grundwasser übergreifen, zumal Böden und Schuttdecken auf dem Quarzit zumeist sehr durchlässig sind. Deshalb können auch Oberflächen-Mülldeponien hier sehr schnell das Grundwasser verunreinigen. Noch gefährlicher sind selbstverständlich die Deponien, die in aufgelassenen Steinbrüchen liegen, aus denen Baumaterialien oder auch Rohstoffe für die Glasproduktion gewonnen wurden.

Die Rumpfflächenlandschaft des Rheinischen Schiefergebirges hat durch die jüngere Tektonik entscheidende Veränderungen erfahren, die sich in einer lebhaften Gliederung des Reliefs auswirken. Es gibt deshalb neben den Rumpfstufen und den vorstehend skizzierten gesteinsbedingten Höhenunterschieden auch zahlreiche Bruchstufen. In Abb. 17 sind die verschiedenen Stufentypen dargestellt. Im Bereich der Bruchstufen ist auch hier das Gestein wegen der tektonischen Beanspruchung zertrümmert und hohlraumreich, so daß größere Grundwasseranreicherungen im Vergleich zum sonst porenarmen Schiefergestein erwartet werden dürfen. Solche Störungszonen können gleichfalls den Weg zur Oberfläche für Mineralwässer öffnen. Umgekehrt muß darauf geachtet werden, daß nicht von der Oberfläche her an diesen Stellen das Grundwasser durch Deponieabwässer, landwirtschaftliche Düngung etc. belastet wird. Bei älteren Verwerfungen ist allerdings damit zu rechnen, daß die Hohlräume großenteils dichtgesetzt sind und damit die Wasserwegsamkeit stark reduziert ist. Ähnliches können posttektonische Verwitterungen bewirken oder tonige Substrate, die solifluidal die

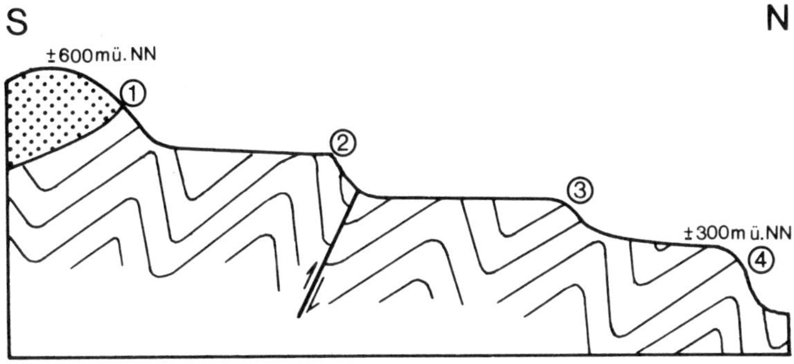

Abb. 17: Stufentypen im Rheinischen Schiefergebirge.

1 = Stufe des Taunusquarzits (morphologischer Härtling); 2 = Bruchstufe, entstanden durch tektonische Verwerfung; 3 = Rumpfstufe, entstanden durch Einschneidung eines neuen Flächenniveaus; 4 = Talkante, entstanden durch starke Taleintiefung.

Hänge überwanderten und damit den porösen Untergrund abdecken. Das gilt vor allem für Hänge unterhalb alter Rumpfflächen, deren tertiäre tonige Böden während der pleistozänen Kaltzeiten hangabwärts verlagert wurden.

Auf vielen Klüften und Gängen sind Erze abgeschieden worden, die vor allem im Mittelalter abgebaut wurden. Die Halden des nicht brauchbaren Gesteins weisen heute noch an vielen Stellen auf diese Nutzung hin. Die Böden besitzen in solchen Fällen oft hohe Schwermetallbelastungen.

Die massivste Reliefierung und Umgestaltung hat die Rumpfstufenlandschaft des Rheinischen Schiefergebirges indessen durch die pleistozäne Zertalung erfahren. Zwar gab es auch schon im Tertiär zu Zeiten tiefer Meeresstände im Rheinischen Schiefergebirge Täler, in solchen liegt beispielsweise ein Großteil der „Vallendarer Schotter", aber während des Pleistozäns entstand ein viel engeres Talnetz, das die Landschaft regelrecht zerlegte. Die Ursachen dieser starken Tiefenerosion sind noch nicht völlig geklärt. Es wird vermutet, daß vor allem die Meerestiefstände während der pleistozänen Kaltzeiten durch die Tieferlegung der Erosionsbasis dazu beitrugen, daß kräftige tektonische Verstellungen ähnliches

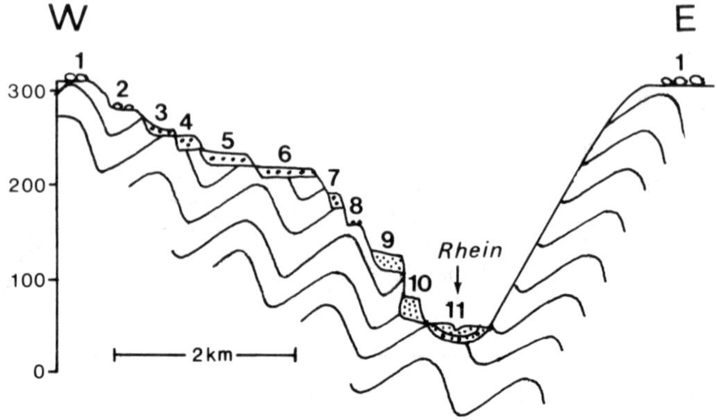

Abb. 18: Pleistozäne Terrassen im Mittelrheintal.

1 = Pliozäne Terrasse mit Geröllstreu; 2 = Altpleistozäne Felsterrasse mit Geröllstreu; 3–6 = Altpleistozäne Schotterkörper (Hauptterrassen); 8–10 = Mittelpleistozäne Schotterkörper (Mittelterrassen); 11 = Jungpleistozäne Schotterkörper (Obere und Untere Niederterrasse).

bewirkten, oder daß die Tiefenerosion vor allem klimatische Gründe hatte. Das letztgenannte Argument geht von der Überlegung aus, daß Wasserläufe im periglazialen Milieu deswegen besonders zur Tiefenerosion in der Lage seien, weil an ihrer Sohle das Gestein durch die Eislinsenbildung im Dauerfrostboden zertrümmert würde. Der Wasserlauf braucht also nur den Permafrost aufzuschmelzen, um den Gesteinsschutt leicht abtransportieren zu können. Dagegen spricht, daß die Sohlen der ehemaligen Gerinnebetten im allgemeinen eine solche Gesteinszertrümmerung nicht erkennen lassen.

Die Taleintiefung vollzog sich etappenweise. Zeiten der Tiefenerosion wechselten mit Zeiten der Aufschotterung. Durch diesen Wechsel entstanden in allen pleistozänen Periglazialtälern terrassierte Hänge (vgl. Abb. 18). Bei den meisten Schotterterrassen läßt sich nachweisen, daß sie unter kaltzeitlichen Bedingungen abgelagert wurden. Dafür sprechen die seitliche Verknüpfung der Kiese mit Solifluktionsschuttdecken auf den Hängen, das Vorkommen von synsedimentären Eiskeilpseudomorphosen, die Permafrost zur

Zeit der Akkumulation belegen, und der Fund von kaltzeitlichen Tier- und Pflanzenresten in den Kiesen.

Wenn demnach die Aufschotterungen überwiegend in den Kaltzeiten erfolgten, so liegt der Schluß nahe, daß die jeweilige Tiefenerosion warmzeitlich sein muß. Dem wird entgegengehalten, daß die holozäne Tiefenerosion in den meisten Tälern bisher die Kiese der letzten Kaltzeit, die Niederterrasse, nicht durchschnitten hat. Da unsere jetzige Warmzeit dem Ende entgegengeht, steht die Annahme, die Tiefenerosion sei überwiegend warmzeitlich, auf schwachen Füßen. Vielmehr konnte in jüngerer Zeit mehrfach nachgewiesen werden, daß innerhalb *einer* Kaltzeit wiederholt Aufschotterung *und* Tiefenerosion wechseln. Die genauen Ursachen dafür sind noch nicht geklärt. Jedenfalls kann m. E. die Auffassung, jeder Kaltzeit sei *eine* Schotterterrasse zuzuordnen, nicht mehr aufrechterhalten werden. Versuche, in einem Tal jeweils so viele Schotterterrassen zu finden, wie es Kaltzeiten gegeben hat – derzeit geht man von etwa 20 aus –, sind deshalb von vornherein zum Scheitern verurteilt. Die Aussichtslosigkeit eines solchen Vorhabens wird noch dadurch bekräftigt, daß während jüngerer Phasen der Tiefenerosion häufig sämtliche Reste mancher älteren Terrassen ausgeräumt wurden.

Die Wahrscheinlichkeit, möglichst viele der älteren Terrassen in den Tälern des Rheinischen Schiefergebirges und benachbarter Mittelgebirge zu finden, ist auf den ostexponierten Hängen am größten. Da während des Pleistozäns diese Täler meist nach Osten verlagert wurden, blieben ältere Ablagerungen im Westen erhalten. Die Ostwanderung ist wohl durch vorherrschenden Westwindeinfluß sowie frühzeitiges Auftauen und damit verbundenes Aktivieren des Gerinnes am warmen westexponierten Hang zu erklären.

Die aus der Ostwanderung resultierende Talasymmetrie hat folgende Konsequenzen: Auf den flacheren ostexponierten Hängen liegen verschiedene Terrassen, deren Kiese häufig abgebaut werden. Dieser Abbau wird erschwert durch eine Lößbedeckung. Sie ermöglicht jedoch im Zusammenhang mit dem terrassierten und deshalb relativ flachen Relief intensiven Ackerbau, der seinerseits wiederum eine andere Nutzung des Terrassenkieses beeinträchtigt: Im Kies sammelt sich Grundwasser, das häufig als Trinkwasser gewonnen wird. Dort, wo die Lößdecke primär geringe Dicke hat, vollständig fehlt oder durch Bodenerosion beseitigt wurde, kommen stark belastete Sickerwässer (Nitrat etc.) ins Grundwasser. Eine weitere Kontamination des Grundwassers ist durch die dem Kiesabbau meist folgende Deponienutzung gegeben.

Auf dem steilen Gegenhang fehlt die Lößdecke weitgehend. Er wurde bis zum Ende der letzten Kaltzeit, das auch das Ende der Lößsedimentation war, vom Fluß unterschnitten und stark abgetragen. Die ausgeprägte Westexposition bringt diesem Hang die volle Wirkung der warmen Nachmittagssonne und damit einen hohen Strahlungsgenuß. Deshalb findet man hier in den tieferen Lagen Weinbau, im höheren Bereich Niederwald, dessen Stockausschlag immer wieder als Brennholz genutzt wird. Wein und Wald stocken auf sehr flachgründigen Schieferböden, die durch Rigolen für den Weinanbau tiefgründig gemacht werden müssen. Diese Hänge bieten kaum Platz für Siedlungen und Verkehrswege, sie sind auch wegen ihrer Steilheit an vielen Stellen rutschungsgefährdet. Die Siedlungen weichen in der Regel auf die Einmündung von Nebentälern aus. Dort sind Schwemmfächer ausgebildet, die in der letzten Kaltzeit entstanden, weil das höhere Gefälle des Nebenbaches bei Eintritt in das Haupttal wegfiel und die damit nachlassende Transportkraft zur Aufschotterung führte. Mit dem Ende der letzten Kaltzeit erlahmte die Schuttzufuhr zu den Gerinnen und damit auch deren Tendenz zur Aufschotterung. Die Gerinne tieften sich etwas in ihre Schwemmfächer ein, so daß diese nicht mehr überflutet wurden und auch heute noch hochwasserfrei sind.

Das auf große Strecken nicht asymmetrisch ausgebildete Engtal des Rheins im Rheinischen Schiefergebirge zeigt, daß in jüngerer Zeit die Faktoren, die die Talasymmetrie förderten, offensichtlich weniger stark wirken konnten. Die Faktoren, die die Tiefenerosion sehr beschleunigten, wahrscheinlich die Absenkung in der Niederrheinischen Bucht, müssen dominanter geworden sein. Tektonische Vorgänge haben auf die Talentwicklung innerhalb des Rheinischen Schiefergebirges darüber hinaus ohne Zweifel vor allem auch Bedeutung für die Ausrichtung und den Verlauf von Tälern. Gerinne folgen tektonischen Zerrüttungszonen bevorzugt. Diese Auffassung wird bestätigt, wenn man die Talrichtungen im Rheinischen

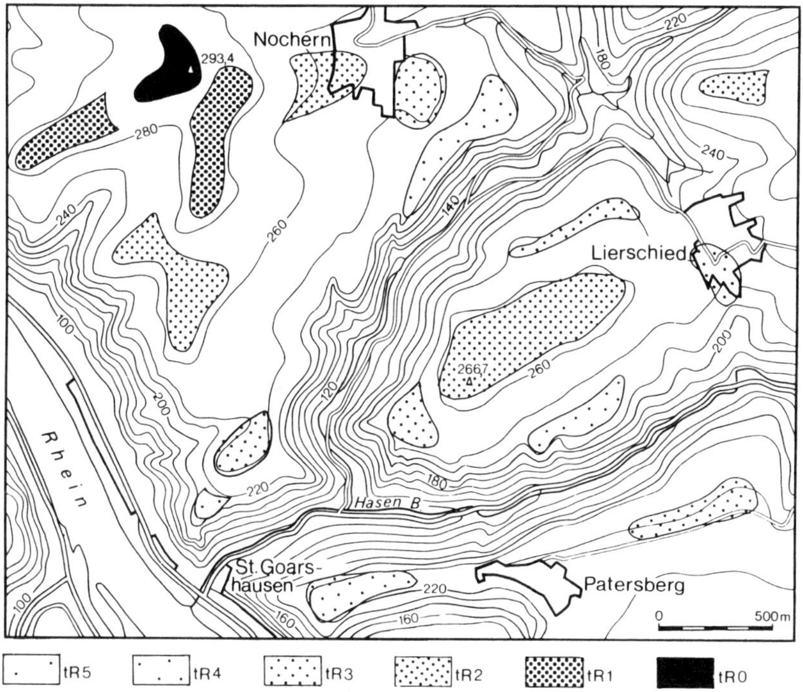

Abb. 19: Altpleistozäner Rheinmäander bei St. Goarshausen.

Anhand der Reste der altpleistozänen Terrassen tR2, tR3 und tR4 läßt sich verfolgen, daß der Rhein damals in nordöstlicher Richtung (heutiges Hasen-Bach-Tal) floß und bei Lierschied zunächst nach Nordwesten, dann nach Südwesten umbog. Die Laufrichtungen entsprechen vorherrschenden tektonischen Richtungen.

Schiefergebirge verfolgt. Tektonische Linien wirken sich offensichtlich auch bei der Anlage von Flußmäandern aus. Als Beispiel ist in Abb. 19 ein alter Rheinmäander bei St. Goar dargestellt. Im Altpleistozän hatte hier der Rhein einen quer zum heutigen Tal liegenden Mäander ausgebildet, der der sogenannten varistischen oder erzgebirgischen Richtung folgt (NE–SW).

Literatur zu 3.2: Semmel 1984; Andres 1989.

3.3 Rumpfflächen im Grundgebirge des periglazialen Alaskas

In den bisherigen Ausführungen zu den Rumpfflächenlandschaften ist deutlich geworden, daß weitgespannte Rumpfflächen vorzugsweise in kristallinen oder stark gefalteten Grundgebirgen vorkommen. Sie fehlen – zumindest weitgehend – in typischen Deckgebirgslandschaften mit flachlagerndem Schichtenwechsel von morphologisch harten und weichen Gesteinen. Rumpfflächen brauchen offensichtlich längere Zeit für ihre Entwicklung und – damit verbunden – tektonische Ruhe. Auffallend ist, daß sie vielfach mit tiefgründiger chemischer Verwitterung verknüpft sind, die in ihrer typischen Ausprägung nur unter tropischen Bedingungen möglich sein sollte, wobei hier die Ansicht vertreten wird, daß solche in den gegenwärtigen Tropen nicht voll gegeben sind. Manche Autoren vertreten die Auffassung, Rumpfflächenbildung sei auch ein Ergebnis kaltklimatischer periglazialer Abtragung. Daß Pedimente unter periglazialen Bedingungen entstehen, wurde schon im Kapitel „Schichtstufenlandschaften“ erörtert. Der Nachweis der rein periglazialen Entstehung weitgespannter Rumpfflächen scheint mir dagegen doch noch auszustehen.

Zu den Formen, die als periglaziale Rumpffläche gedeutet werden können, zählt auch die Hochfläche der Finger Mountains, einige Kilometer südlich des Polarkreises in Alaska. Diese Hochfläche wird von der Trans-Alaska-Pipeline und dem sie begleitenden Dalton-Highway gequert. Der Untergrund besteht aus präkambrischem und altpaläozoischem metamorphem Gestein mit Intrusionen von kretazischen Graniten. Die Hochfläche wird von mehreren isolierten Felsburgen *(Tors)* überragt, die Inselbergen sehr ähnlich sehen. Auf der Fläche ist eine dichte Tundrenvegetation verbreitet, deren Kraut- und Grasschicht mit Sträuchern durchsetzt ist. Diese Vegetation wird teilweise unterbrochen von Frostmusterböden in sehr unterschiedlichen Ausprägungen. Andererseits überzieht die Vegetation auch viele dieser Formen, insbesondere zahlreiche Fließerdeterrassen. In den Frostmusterformen kommt vielfach das Material des Untergrundes nach oben, das in der Hauptsache aus vergrusten Gesteinen besteht. Die größte Vergrusungstiefe ist nicht bekannt. Bohrungen bis 16 Meter Tiefe durchteuften stellenweise das vergruste Gestein nicht, ebenso nicht den Permafrost.

Es ist nicht kar, ob diese Vergrusung als Rest tertiärer Warmverwitterung oder als Produkt der seit langem anhaltenden Frostverwitterung in diesem wahrscheinlich nie vergletscherten Gebiet zu deuten ist. Der von manchen Autoren vertretenen Auffassung, diese und ähnliche Hochflächen seien das Ergebnis periglazialer Flächenbildung, muß doch wohl entgegengehalten werden, daß unter den jetzigen Bedingungen keine nennenswerte flächenhaft wirksame Abtragung stattfindet. Eine solche ist angesichts der dichten Vegetation und der gut ausgebildeten Frostmusterböden nicht gut vorstellbar. Insbesondere die runden, teilweise gut sortierten Frostmusterböden, die eine gute Trennung von groben Bestandteilen und Feinerde aufweisen, belegen m. E. geringe Formungsaktivität, denn sie brauchen längere Zeit für ihre Entwicklung. Die Fließerdeterrassen, die manchmal als Indiz für besonders aktive flächenhafte Abtragung gedeutet werden, belegen eindeutig Formungsruhe, denn sie sind von dicht geschlossener Vegetation umrahmt, die keine nennenswerte Bewegung zuläßt. Nicht auszuschließen ist, daß die Klimaverschlechterung, die mit den pleistozänen Kaltzeiten auch in diesem Gebiet verbunden gewesen sein muß, dazu geführt hat, daß die Tundrenvegetation verschwand und allgemein Frostschutt mit stärkerer Abspülung und Solifluktion verbreitet war. Viel überzeugender aber ist es wohl, den Autoren zu folgen, die diese und ähnliche Formen als Reste von Hochflächen deuten, die unter warmklimatischen Bedingungen mit tiefer Verwitterung im Tertiär entstanden und im Pleistozän zertalt wurden. Damit wäre eine Entwicklung gegeben, wie sie in den europäischen Mittelgebirgen als Regelfall nachgewiesen werden kann.

Literatur zu 3.3: BAILEY 1983.

4. KARSTLANDSCHAFTEN

Als Karstlandschaften werden Regionen bezeichnet, die überwiegend nicht oberirdisch, sondern unterirdisch entwässern, weil ihr Untergrund aus wasserlöslichem Gestein besteht. Das auf Klüften zirkulierende Wasser löst immer mehr Gesteinsmaterial, so daß breite Hohlräume, ja viele Kilometer lange Höhlen entstehen können. Voraussetzung für die andauernde Lösung ist der Zufluß frischen ungesättigten Wassers. Die Lösungsfähigkeit des Wassers erhöht sich, wo sich zwei Wässer mit unterschiedlicher Lösungsfracht mischen *(Mischungskorrosion).* Auf den der Lösung ausgesetzten Gesteinsoberflächen bilden sich infolge der chemischen Lösung (Korrosion) typische Kleinformen, die *Karren.* Diese können sehr unterschiedlich geformt sein (Rinnen-, Rillen-, Napfkarren). Durch Ausfällung entstehen in Höhlen hängende säulenförmige Stalagtiten oder stehende Stalagmiten.

Die Bildung von Hohlräumen im Untergrund hat des öfteren Einbrüche zur Folge, die sich als *Erdfälle* an der Oberfläche äußern. Sie werden auch als *Einsturzdolinen* bezeichnet und damit von Formen unterschieden, die sich durch Oberflächenlösung bilden *(Lösungsdolinen).* Andere typische Oberflächenformen des Karstes sind Poljen, größere, recht ebene Formen, die durch Lösung in einen Gesteinskomplex gewissermaßen eingesenkt worden sind. Ihr Boden kann durch Dolinen wieder differenziert worden sein.

Dolinen und Poljen sind meist mit Lösungsrückständen ausgekleidet. Solche lehmig-tonigen Sedimente können die Lösungsformen abdichten, so daß sich in den Formen Teiche oder Seen bilden. Viele Poljen besitzen randliche *Schlucklöcher* (Ponore), über die das Wasser abläuft, das sich nach ergiebigen Niederschlägen oder nach Schneeschmelzen in den Ebenen sammelt. Abb. 20 zeigt entsprechende Formenschemata.

Die lehmige Decke in Dolinen und Poljen führt dazu, daß diese Formen oft die einzigen Areale in Karstgebieten sind, die ackerbau-

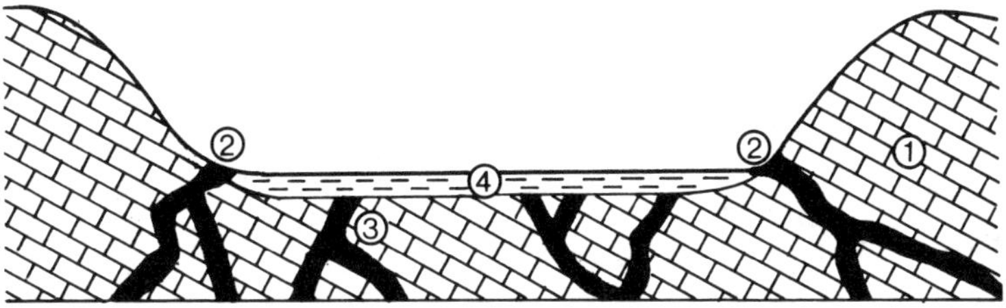

Abb. 20: Schematische Darstellung eines Polje.

1 = Kalkstein; 2 = aktive Schlucklöcher (Schwinden, Ponore); 3 = dichtgesetzte Schlucklöcher unter dem Poljeboden; 4 = feinkörnige (dichte) Sedimente im Poljeboden.

lich genutzt werden können. Das gilt vor allem für Regionen des *nackten Karstes,* dem weitgehend die Bodendecke fehlt. Nackter Karst ist im Mediterrangebiet weit verbreitet. Wahrscheinlich spielt dabei die seit der Antike andauernde anthropogen bedingte Bodenerosion eine große Rolle, deren Wirkung dadurch verstärkt wird, daß die Niederschläge im wesentlichen nicht in der Vegetationsperiode fallen. *Bedeckter Karst* kommt hauptsächlich in Mitteleuropa vor. Dieser wird in der Literatur auch als *überdeckter Karst* bezeichnet, weil er mit Lößlehm überlagert ist und sich dadurch vom eigentlichen bedeckten Karst unterscheidet, dem nur „karstbürtiges" unlösliches Feinmaterial aufliegt. Diese Unterscheidung beruht indessen wohl auf einer Fehleinschätzung. In der Regel kommen beide Substrate zusammen vor. Der basalen karstbürtigen Feinmaterialdecke folgt eine Lößlehmdecke. Entsprechendes ist im Kapitel „Schichtstufenlandschaften im mitteleuropäischen Deckgebirge" schon näher erörtert worden.

Aufgrund der äußeren Formengemeinschaften läßt sich der sogenannte *Trockentalkarst* vom *Dinarischen Karst* (oder auch *Mediterraner Karst*) und vom *Kegelkarst* unterscheiden (Abb. 21). Der Trockentalkarst, der im südwestdeutschen Stufenland häufig anzutreffen ist, zeichnet sich durch das Vorkommen von Tälern aus, in denen heute keine Gerinne fließen. Da diese Formen aber nur durch fließendes Wasser entstanden sein können, muß es eine Zeit gegeben haben, in der die Verkarstung und mit ihr die unterirdische Entwäs-

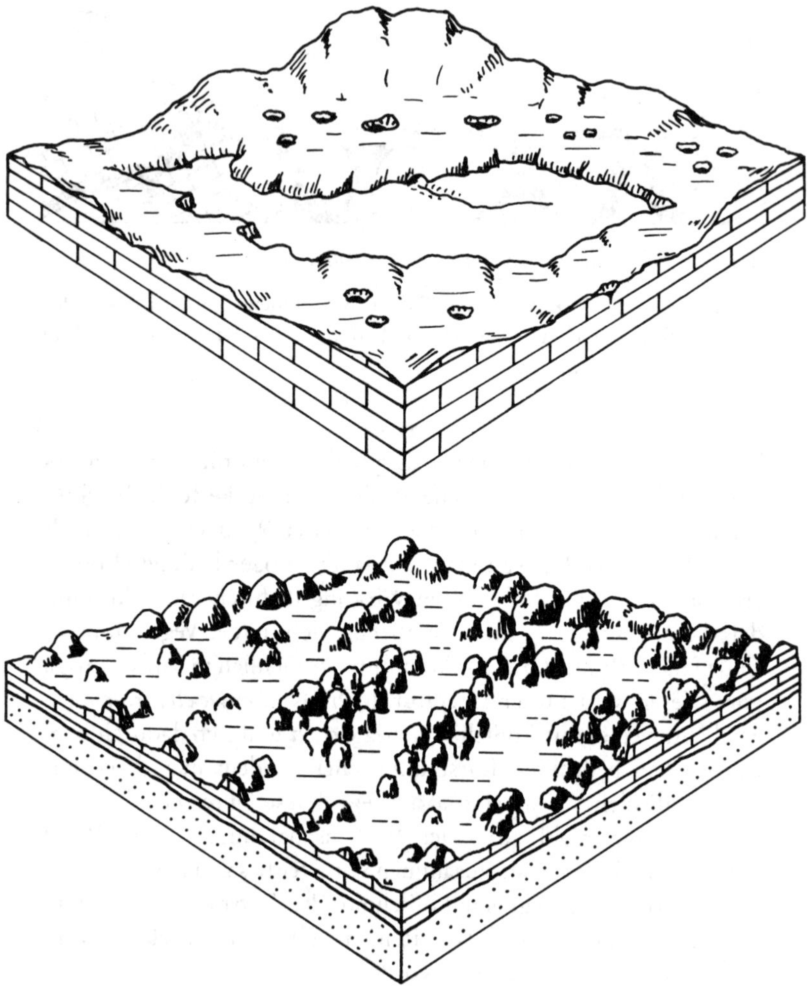

Abb. 21: Dinarischer Karst und Kegelkarst (Entwurf und Zeichnung: W. F. Bär).

Die obere Abbildung zeigt ein Karstgebiet mit Dolinen und Poljen, die untere Kegelkarst.

serung über die karsthydrographischen Systeme nicht möglich war. Es liegt nahe, die Ursache dafür in den Zeiten zu sehen, in denen während der pleistozänen Kaltzeiten tiefreichender Permafrost große Teile Mitteleuropas einnahm. Deshalb war der Untergrund versiegelt und nur Oberflächenabfluß möglich.

Der Dinarische Karst zeichnet sich dadurch aus, daß neben Trokkentälern vor allem Poljen und Dolinen in größerer Zahl die Oberfläche differenzieren.

Der Kegelkarst kommt vorzugsweise in den Tropen und Subtropen vor. Manche Karsterscheinungen in Mitteleuropa werden als Relikte dieses tropischen Karstes gedeutet. Der Kegelkarst wird nicht wie die beiden anderen Karsttypen durch Hohlformen, sondern durch Vollformen geprägt. Gegenüber den vorherrschenden turm- und kegelartigen Bergen treten die hier *Cockpits* genannten Hohlformen zurück. Darin wird das Ergebnis besonders intensiver Lösung unter tropischen Klimabedingungen gesehen.

Typische Gesteine einer Karstlandschaft sind in der Regel der Kalk und der Dolomit. Gips und Salz zeigen ebenfalls kräftige Lösungserscheinungen. Besonders eindrucksvoll sind die riesigen Einbrüche, die durch die Lösung von Zechsteinsalzen in deutschen Mittelgebirgen entstanden. Sobald die Salzvorkommen vom Grundwasser erfaßt werden, setzt Lösung und mit dem Grundwasserstrom Abtransport der Salze ein. Dabei können sehr weite unterirdische Wege zurückgelegt werden. So erhalten zum Beispiel die Mineralquellen am Ostrand des Taunus Salze, die aus dem Fulda- und Werra-Gebiet stammen. Man spricht von regulärer Salzablaugung, wenn die Salzvorkommen von außen auf breiter Front vom Grundwasser angegriffen werden, oder von irregulärer Salzablaugung, wenn inmitten eines Salzvorkommens die Subrosion punktuell einsetzt. Dies geschieht meist an tektonischen Störungen, an denen das Grundwasser leicht eindringt und so das tieferliegende Salz erreicht. Das geht oft in mehr als 600 Meter Tiefe vor sich. Trotzdem brechen die Deckschichten bis an die Oberfläche nach.

Gebiete mit Salzvorkommen auch im tieferen Untergrund stellen also für den Bau von Siedlungen und Verkehrswegen außerordentlich problematische Areale dar. Sie können erst als sicher gelten, wenn das Salz völlig weggelöst worden ist. Das gilt für große Teile

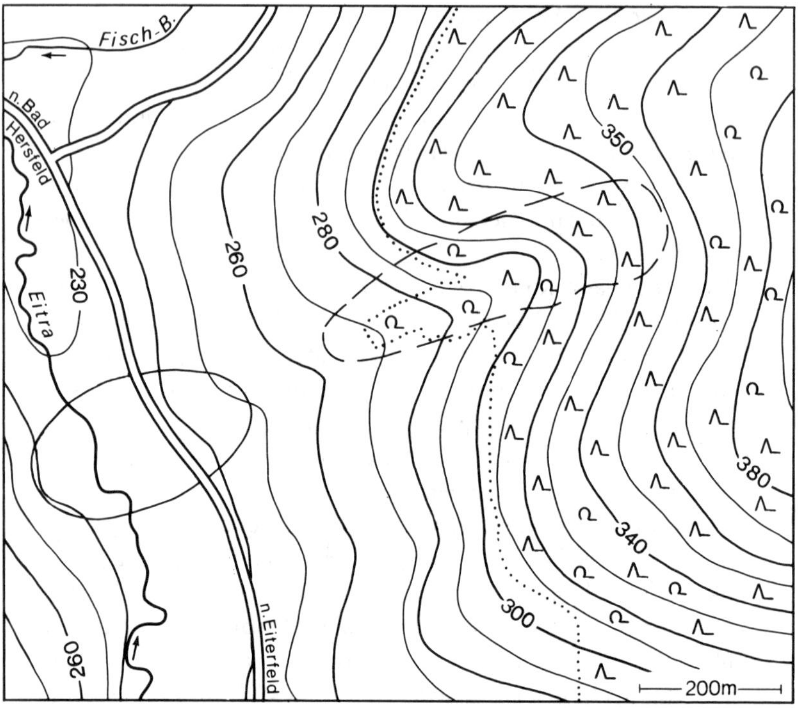

Abb. 22: Verschieden alte Salzablaugungen im Fulda-Werra-Bergland.

Im Niederterrassen-Bereich der Eitra liegen unter den nicht mehr verstellten Kiesen der Niederterrasse gebleichte Kiese größerer Mächtigkeit in einer älteren Subrosionssenke. Diese ist mit der durchgezogenen Linie in ihrer vermuteten Verbreitung umrandet. Rezente Ablaugung findet nur im nordöstlichen Hangbereich statt. Dort sind in größerer Zahl junge Erdfälle zu beobachten. Dieser Bereich ist mit der gerissenen Linie umgrenzt. Dabei bleibt zu beachten, daß auf den Äckern wegen der „anthropogenen Glättung" rezente Erdfälle nur schwer zu erkennen sind. Oft geben Luftbilder durch Dunkelfärbung der entsprechenden Stellen Hinweise.

der Regionen mit Salz im Untergrund. Sie sind leicht daran zu erkennen, daß die Talböden und die älteren Terrassen in den Tälern nicht verstellt wurden. Aktive junge Subrosion macht sich dagegen nicht nur durch solche Verstellungen, frische Abrißkanten und ähnliches bemerkbar, sondern auch durch Vermoorung und Versumpfung (vgl. dazu Abb. 22).

In jüngerer Zeit mehren sich die Befunde, daß auch Gesteine, die im strengen Sinne nicht als wasserlöslich gelten, der Verkarstung unterliegen. Dabei handelt es sich um Silikate, also Gesteine, die Kieselsäure (SiO_2) enthalten. Besonders unter tropischen Klimaten scheint dieser Vorgang öfter einsetzen zu können. Obwohl die chemischen Reaktionen im einzelnen wohl noch nicht klar erkannt sind, werden einmal besonders basische Gesteine (Gabbros, Basalte) betroffen, zum anderen aber auch sehr saure (Quarze, Quarzite). Kieselsäure erreicht bei höheren Temperaturen eine große Löslichkeit. Damit läßt sich wohl erklären, weshalb Sandsteine und Quarzite ein Relief aufweisen, das an verkarstete Kalklandschaften erinnert. Das gilt beispielsweise für die bereits in Kapitel 2.3 beschriebene Sandstein-Schichtstufe in Südbrasilien ebenso wie für Sandsteinzüge in den wechselfeuchten Tropen Benins und Burkina Fasos. Im Grenzgebiet zwischen beiden Ländern sind im Atakora-Bergland und in der Chaine de Gobnangou fast sämtliche Karstformen des Dinarischen Karstes zu finden. Auch hier erlauben Poljen beispielsweise inmitten der kahlen Sandsteinhochfläche der Chaine de Gobnangou eine Nutzung als Acker und Weide. Dichtgesetzte Dolinen und Rinnen sind selbst in der Trockenzeit fast immer wasserführend und ermöglichen so die Rinderhaltung. Die benachbarten Regionen nutzen die an vielen Stellen austretenden Karstquellen ebenfalls.

Die Wassernutzung ist hier in einem Gebiet extensiver Landnutzung nicht so problematisch wie in anderen Karstgebieten. Als großer Nachteil muß in Gebieten intensiver landwirtschaftlicher Nutzung bekanntlich die Belastung mit Schadstoffen, die aus Düngemitteln und Pflanzenschutzmitteln stammt, angesehen werden. Eine Filterung erfolgt in den offenen karsthydrographischen Systemen praktisch nicht. Hinzu kommt bei Gipskarst eine hohe Sulfathärte des Wassers, bei Karbonatkarst eine entsprechend hohe Karbonathärte. Die letztgenannten Nachteile entfallen bei Silikatkarst.

Ein Problem ist indessen allen Karstgebieten gemeinsam: Es gibt keinen geschlossenen größeren Grundwasserleiter (Aquifer), sondern nur relativ kleine, voneinander isolierte Grundwasservorkommen, die in sehr unterschiedlicher Tiefe liegen können und deren Ergiebigkeit recht verschieden sein kann. Die Wassererschließung ist also in Karstgebieten ein besonderes Problem.

Literatur zu 4: Pfeffer 1978.

5. GLAZIALLANDSCHAFTEN

Der Begriff *glazial* wird hier im landschaftsgenetischen Sinn gebraucht, glaziale Landschaften sind also Landschaften, die durch Gletschereis entscheidend geformt werden oder wurden. Gletschereis ist auf festem Untergrund bewegtes Eis. Im Gegensatz zum fließenden Wasser kann Eis unter dem Druck höher liegender Gletscherteile auch bergauf fließen und dabei das Gelände übertiefen. Als typische Folgeerscheinungen solcher Übertiefungen sind in ehemals vergletscherten Gebieten zahlreiche Seen zu finden.

Gegenwärtig beschränken sich Vergletscherungen auf die polnahen Lagen und die Hochgebirge. Die letztgenannten, etwa die Alpen, verdanken ihre bizarren Formen der rezenten Vergletscherung. Ohne diese wären die Alpen Hochländer mit bei weitem nicht so differenziertem Relief. Als Beispiel sei auf das äthiopische Hochland verwiesen. Nur an dessen höchsten Stellen findet man Formen, die kräftige Versteilungen aufweisen, die nicht vom fließenden Wasser geschaffen wurden, sondern vom Eis. Dieses fehlt heute zwar im äthiopischen Hochland, in den pleistozänen Eiszeiten (Kaltzeiten) nahm es jedoch stellenweise die höchsten Partien des Landes ein. Es handelt sich dabei um eine typische *Karvergletscherung*. Bei solchen Vergletscherungen sammelt sich Schnee, der auch im Sommer nicht abschmilzt, nur an günstigen Stellen. Das ist am ehesten auf flachen, windgeschützten und der Sonne nicht oder nur wenig zugänglichen Arealen möglich. Dort wird aus dem Schnee *Firn*, ein durch wiederholtes Antauen und Gefrieren körnig gewordener dichter, mehrjähriger Schnee, der schließlich in Eis übergeht. Bei größerer Mächtigkeit beginnt dieses Eis dem Gefälle folgend zu fließen, es wird ein Gletscher. Durch den Druck auf den Boden und die anschließende Bewegung reißt das Gletschereis und nimmt Material mit sich. Dabei wird der Untergrund durch *Rundhöcker* differenziert. So nennt man in Richtung der Eisbewegung gestreckte Formen mit flacher Luv- und steil abbrechender Leeseite.

Hangabwärts nimmt die Firnzufuhr und damit die Eismächtigkeit ab, weil der Gletscher aus dem *Nährgebiet* in das *Zehrgebiet* gelangt, also dorthin, wo die Schneegrenze unterschritten wird. So bezeichnet man die Grenze, unterhalb deren der Schnee in der Regel im Sommer abschmilzt. Gelegentlich kann ein Gletscher durch Lawinen auch noch unterhalb der Schneegrenze „ernährt" werden.

Dort, wo die Eismächtigkeit geringer wird, läßt der Druck auf den Untergrund und damit die Gletschererosion nach. Es entsteht eine Schwelle. Sie wird als *Karschwelle* bezeichnet, wenn sie den Abschluß einer kesselartigen Form, die *Kar* genannt wird, bildet. Kare sind durch die Gletschererosion eingetiefte Formen mit steilen Rückhängen (Abb. 23), an denen das randliche Gletschereis anfriert und vom Gletscher durch den *Bergschrund* getrennt wird.

Das vom Gletscher aufgenommene Gesteinsmaterial wird als *Moräne* bezeichnet, die als Grund-, Deck- oder Mittel-Moräne ausgebildet sein kann. An den Rändern des Gletschers im Zehrgebiet taut dieses Material aus. Es entstehen vor der Stirn des Gletschers End- oder an dessen Flanken Seitenmoränen. Zurückschmelzende Gletscher hinterlassen im Übertiefungsbereich sogenannte *Karseen*.

Reichen die Gletscher weiter hangabwärts, so gelangen sie in die Täler und formen diese in typischer Weise um. Im Längsprofil entstehen dort, wo härtere Gesteine angeschnitten werden oder Gletscher aus Seitentälern einmünden *(Konfluenz)* und den Eisdruck erhöhen, Stufen. Im ersten Fall stellen sich oft Übertiefungen ein, die nach dem Abtauen des Eises von Seen gefüllt werden. Stufen bilden sich auch von den Haupt- zu den Nebentälern, weil die Ausschürfung im Haupttal stärker ist *(Hängetäler)*. Solche Stufen erschweren zwar einerseits die Verkehrserschließung, erlauben andererseits aber die Gewinnung von Wasserenergie. Die großen Gefällsunterschiede werden von den Wasserläufen entweder mit Wasserfällen überbrückt, oder es ist eine enge Schlucht (Klamm) eingeschnitten.

Im Querprofil zeichnet die gletschergeformten Täler eine Hangversteilung aus *(Trogtal)*, die der seitliche Eisschurf verursacht. Dort, wo der Gletscher über den ursprünglichen Talquerschnitt *(Trogkante)* hinausragt, greift er auf die *Trogschulter* über, die meist von älteren Talböden gebildet wird. Die seitliche Gletschergrenze markiert der *Schliffbord*, der sich oft als Korrasionsrand *(Schliff-*

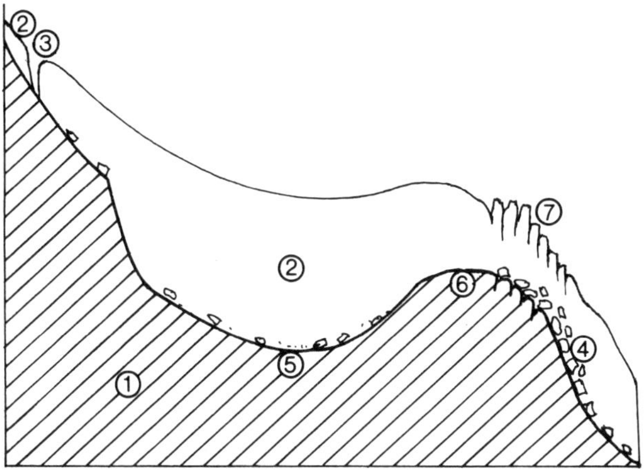

Abb. 23: Querschnitt durch ein vergletschertes Kar.

1 = anstehendes Gestein; 2 = Eis; 3 = Bergschrund; 4 = Grundmoräne; 5 = Übertiefungsbereich; 6 = Karschwelle; 7 = Gletscherbruch.

kehle) im anstehenden Fels erkennen läßt (Abb. 24). Schmilzt das Eis aus, so ereignen sich an den steilen Seitenwänden des Trogtales häufig Bergstürze, weil mit dem Eis das stützende Widerlager verschwunden ist. Bergstürze können auch lange nach der Eisfreiwerdung eintreten, wenn etwa anthropogene Eingriffe (Entwaldung) den Wasserhaushalt stören.

Tritt das Eis aus einem Gebirge in das Vorland hinaus, so spricht man von *Vorlandvergletscherung*, wie sie etwa im deutschen Alpenvorland im Pleistozän entwickelt war. Hier ist in typischer Weise die *Glaziale Serie* ausgebildet (Abb. 25). Sie beginnt mit den *Zungenbecken*, übertiefte Bereiche, in denen die Gletscherloben zungenförmig die randlichen Teile des Eises darstellten. Heute finden sich hier fast immer Seen *(Zungenbeckenseen)*. Die Zungenbecken werden von den hügeligen *Endmoränen* umrahmt, die mehrfach gestaffelt sein können. Sie bestehen aus vom Gletscher aufgeschüttetem Material überwiegend schlechter Sortierung (Satzmoräne) oder durch Eisdruck aufgestauchtem Untergrund (Stauchmoräne). Häufig kommen vor den Endmoränen in den randlichen Bereichen der Zungenbecken *Drumlins* vor, vom Eis herausgearbeitete strom-

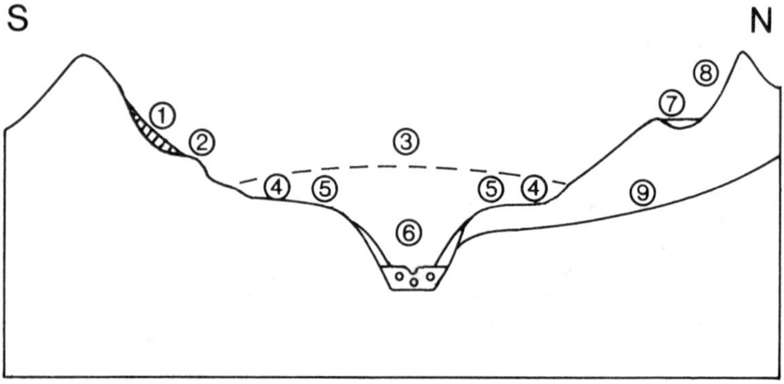

Abb. 24: Querschnitt durch ein Trogtal.

1 = Kar mit Gletscher; 2 = Karschwelle; 3 = Obergrenze des ehemaligen Talgletschers; 4 = Schliffkehle; 5 = Trogschulter; 6 = Talboden mit Schotterfüllung und Bergsturzhalden an den Hängen; 7 = Karsee; 8 = heute eisfreies Kar (südexponiert), im Pleistozän vergletschert; 9 = Tiefenlinie eines Nebentals, das als Hängetal in das Haupttal mündet.

linienförmige hohe Rücken. Sie bestehen aus Material der Grundmoräne, enthalten oft auch ältere Gesteinskerne. Im randlichen Bereich eines ehemaligen Eislobus sind außerdem zahlreiche Akkumulationsformen zu finden, etwa bahndammähnliche Kiesschüttungen *(Oser)*, die überwiegend subglazigen entstanden, oder die auf dem Eis in Rinnen abgelagerten Kiesmassen *(Kames)*.

Vor den Hügelketten der Endmoränen dehnen sich die flachen glazifluvialen Schwemmfächer der Schmelzwassersedimente aus, die überwiegend aus Sand und Kies zusammengesetzt sind. Sie werden auch als *Sander* bezeichnet. Häufig haben Schwemmfächer, die von jüngeren Gletscherständen stammen, die nicht mehr den äußeren Endmoränenzug erreichten, eine tiefere Lage als ältere Schmelzwasserablagerungen. Die jüngeren Kiese liegen in trompetenförmigen Tälchen, die das Moränenvorland terrassieren. Der nach außen anschließende Hauptvorfluter, auf den sämtliche Schmelzwässer zustreben, wird als *Urstromtal* bezeichnet.

Die erwähnten Differenzierungen der Schmelzwassersedimente und die entsprechenden Gletscherstände gehören einer Eiszeit an.

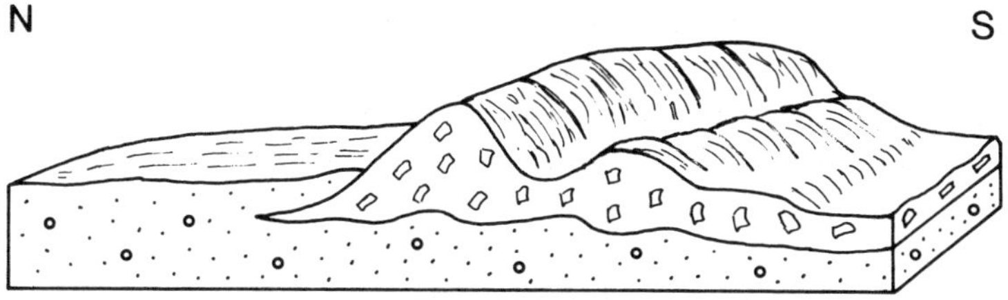

Abb. 25: Relief und Sedimente der glazialen Serie, Beispiel Alpenvorland.

Im Süden liegt das übertiefte *Zungenbecken*, das nach Norden von der *Endmoräne* umgeben wird. Der Boden des Zungenbeckens wie auch der Endmoränenwall bestehen aus vom Gletscher transportiertem Moränenmaterial (eckige Fragmente). In der Randzone des Zungenbodens sind *Drumlins* ausgebildet, längliche Rücken, die hier ebenfalls aus Moränenmaterial bestehen. Nördlich der Endmoräne schließen die Kiese des *Sanders* an. Unter diesen liegen ohne scharfe Grenze die sogenannten Vorstoßschotter, glazifluviale Ablagerungen aus der Vorstoßphase des Gletschers. Nicht dargestellt ist das *Urstromtal*, das die Schmelzwässer des Gletschers aufgenommen hat; im Falle des nördlichen Alpenvorlandes war das die Donau.

Der Bereich ehemaliger Vorlandvereisungen ist im allgemeinen erheblich komplizierter aufgebaut, weil sich hier die glazialen Serien von Eisvorstößen verschiedener Eiszeiten überschneiden. Deshalb können mehrere jeweils von Schmelzwassersedimenten getrennte Grundmoränen übereinanderliegen und ältere Endmoränen von einem jüngeren Eisvorstoß überfahren worden sein, die dadurch abgeflacht wurden. Liegen ältere Endmoränen vor den Grenzen der letzten Vereisung, so sind sie periglazial während dieser Zeit überformt worden, das heißt, solifluidale, fluviale und äolische Vorgänge haben das glazigene Relief umgestaltet.

Wie oft Vorlandvereisungen während des Pleistozäns vorgekommen sind, ist noch umstritten. Auf das deutsche Alpenvorland und auch auf das nördliche Mitteleuropa bezogen bedeutet das zum Beispiel, daß über die Zahl der Eisvorstöße, die diese Gebiete erreichten, Unklarheit besteht. In jedem Fall sind es erheblich weniger, als aufgrund der in marinen Tiefseebohrkernen nachgewiesenen Zahl von ca. 20 Kaltzeiten anzunehmen wäre. Dem jetzigen Forschungsstand folgend darf damit gerechnet werden, daß erst im mittleren und jüngeren

Pleistozän das Alpenvorland und Norddeutschland vereisten. Mit anderen Worten, die dort heute anzutreffenden glazigenen Bildungen müßten jünger als ca. 450000 Jahre sein.

Aus dieser Zeit stammen im deutschen Alpenvorland drei glaziale Serien, im österreichischen vier. Die älteste Eiszeit wird hier als Günz bezeichnet, der dann Mindel, Riß und Würm folgten. Von noch älteren Eiszeiten (Donau, Biber) scheinen glazifluviale Kiese übriggeblieben zu sein. In Norddeutschland rechnen viele Autoren mit drei Eiszeiten, die als Elster, Saale und Weichsel bezeichnet werden, mit den dazugehörigen Warmzeiten (Interglazialen) Holstein und Eem. Andere Autoren sind sich sicher, daß die Saale-Eiszeit durch ein weiteres Interglazial (Treene) zu untergliedern ist, das die Drenthe- von der Warthe-Eiszeit trennt. Dieser Befund wird vor allem von kräftigen Verwitterungsböden (Podsolen) abgeleitet, die interglazialer Entstehung sein sollen. Gegner dieser Auffassung verweisen auf das Fehlen einer Meerestransgression in den norddeutschen Küstengebieten zu dieser Zeit. In der Holstein-Warmzeit und in der Eem-Warmzeit erreichte das Meer jeweils solche Höchststände, weil die Eisvolumina auf der Erde insgesamt infolge der allgemeinen Erwärmung abgenommen hatten. Außerdem wird von paläobotanischer Seite geltend gemacht, daß bisher zwar Reste von interglazialen Wäldern aus dem Holstein und dem Eem an zahlreichen Stellen gefunden wurden, jedoch bisher keine sicheren Reste einer Treene-Warmzeit. Die Frage bleibt, wie sicher einerseits die paläobotanischen Zuordnungen, andererseits die klimapedologischen Interpretationen sind.

Als derzeit nicht völlig überzeugend müssen wohl auch die Versuche gewertet werden, die nord- und süddeutschen Glazialzyklen zeitlich zu verbinden. Während Weichsel- und Würm-Eiszeit noch als zeitlich kongruent angesehen werden können, wird das bei der nächstälteren Vereisung schon problematisch. Entspricht Saale dem Riß oder nur Warthe dem Riß? Handelt es sich bei den manchmal vorgenommenen Untergliederungen einer Eiszeit, beispielsweise Riß I, Riß II, um jeweils eigenständige Glaziale oder nur um Stadiale, das heißt um Abschnitte, die nicht von echten Warmzeiten mit Laubmischwald-Vegetation getrennt waren, sondern nur von etwas wärmeren Phasen (Interstadialen)? Hier erscheinen noch viele

Fragen offen, die um so dringlicher der Lösung bedürfen, als sie für das Verständnis der zukünftigen Klimaentwicklung von elementarer Bedeutung sind, wissen wir doch nicht sicher, ob trotz aller Vorhersage über Klimakatastrophen, die durch anthropogen bedingte Erwärmung der Erdatmosphäre eintreten sollen, nicht doch die nächste Eiszeit vor der Tür steht und Hamburg, statt im Meer zu versinken, von Gletschern überfahren wird.

Glaziallandschaften können also, das erhellt aus dem vorstehend Ausgeführten, grundsätzlich in rezente und ehemalige Vergletscherungsgebiete untergliedert werden. Wenn hier nachfolgend ausschließlich nur von ehemals vergletscherten Regionen die Rede ist, dann geschieht das vor allem unter dem Aspekt, daß diese Gebiete gegenwärtig für die feste Erde und damit verbundene geoökologische Aspekte größere Bedeutung haben. Damit soll keineswegs verkannt werden, wie wichtig zum Beispiel rezente Gletscher für den Sommer-Skitourismus sind oder welche Rolle sie als Süßwasserreserve spielen und wie stark gerade solche Gebiete anthropogener Belastung ausgesetzt sind. Doch sind das weniger Probleme der festen Erde, als vielmehr der Hydrosphäre.

Bei den ehemals vergletscherten Gebieten ist zwischen glazialen *Ausräumungs-* und *Aufschüttungslandschaften* zu unterscheiden. Im ersten Fall überwiegt die Abtragung durch Gletscher, im zweiten dominieren Aufschüttungsformen. Im ersten Fall werden also vordringlich Festgesteine an die Oberfläche kommen, im zweiten Lokkergesteine. Als Prototyp einer glazialen Ausräumungslandschaft darf Skandinavien gelten, das sowohl diesen Landschaftstyp im Hochgebirge als auch im Flachland aufweist. Eine Landschaft, in der beides benachbart ist, stellt Lappland dar. Der Typ der glazialen Akkumulationslandschaft wird dagegen vom Norddeutschen Tiefland oder vom Alpenvorland repräsentiert. Zwischen beiden Regionen gibt es genetisch bedingte Unterschiede, die es zweckmäßig erscheinen lassen, ausführlicher darauf einzugehen. Deshalb werden bei der nachfolgenden Schilderung von realen Glazial-Landschaften neben Lappland sowohl Norddeutschland als auch das Alpenvorland behandelt.

Literatur zu 5: Louis und Fischer 1979; Leser 1981; Semmel 1984.

5.1 Glaziale Ausräumungslandschaft in Lappland

Lappland gehört zu den Gebieten, die während der pleistozänen Eiszeiten vom Inlandeis geschlossen bedeckt waren. Heute sind nur noch die größten Höhen, je nach Exposition und Lage zum Meer, eisbedeckt beziehungsweise glazialer Formung ausgesetzt. Große Teile des Landes nimmt Tundrenvegetation ein. Darunter schließt Birkenwald an, der von Fichtenbeständen abgelöst wird. In der postglazialen Wärmezeit, also vor mehr als 3000 Jahren, reichte die Waldgrenze deutlich höher als heute und mit ihr auch die Schneegrenze, so daß viele der Kargletscher damals nicht existierten. Sie wurden erst später gebildet und offensichtlich mit ihnen die Kare, die in die ansonsten vom pleistozänen Eis abgerundeten Berge eingearbeitet erscheinen. Das abgerundete Relief belegt eindrucksvoll die Überarbeitung durch das Inlandeis. Die Täler weisen meist die charakteristischen Merkmale glazial geprägter Trogtäler auf. Besonders eindrucksvoll sind viele, teils riesige Rinnenseen, die durch die glaziale Übertiefung entstanden. Ihre Längserstreckung ist primär oft nicht von der Fließrichtung des Eises bestimmt, sondern letztere folgte vielmehr Tälern, deren Anlage durch tektonische Verwerfungslinien beeinflußt wurde.

Neben den Rinnenseen gibt es auch zahlreiche breitere Seen, die oft nicht so tief sind und an Stellen entstanden, wo durch besonders günstige Bedingungen für sehr breiten Tiefenschurf des Gletschers das Gelände übertieft wurde. Solche Stellen können beispielsweise durch weicheres Gestein vorgegeben sein. In Lappland kommen sehr unterschiedliche kristalline und metamorphe Gesteine der altpaläozoischen kaledonischen Gebirgsbildung vor. Zu den leichter ausräumbaren Gesteinen gehört etwa schwächer metamorphisierter Tonschiefer.

Neben dem Großformeninventar einer glazialen Ausräumungslandschaft findet man auch in Lappland die typischen Kleinformen glazialer Abtragung. Dazu gehören die vom Eis aus dem festen Gestein herausgearbeiteten Rundhöcker, die sich in Richtung der ehemaligen Eisbewegung erstrecken. Ihre Oberflächen sind von Gletscherschrammen überzogen. Gut erhalten findet man sie in Lappland nur in den festeren Gesteinen, also etwa in den massiven feinkörnigen Amphibolithen, die zu den basischsten Magmengesteinen gehören. Auf den weicheren Gesteinen fielen solche Kleinformen wohl weitgehend der holozänen periglazialen Frostverwitterung zum Opfer.

Es wäre jedoch falsch anzunehmen, in dieser Ausräumungslandschaft hätten die Gletscher nur Areale zurückgelassen, in denen das feste unverwitterte Gestein an der Oberfläche ansteht. Vielmehr sind auch hier lockere Ablagerungen, vor allem Grundmoränen verbreitet. Typisch für diese ist hier ihre sehr sandige kiesige Zusammensetzung. Tonig-mergelige Partien, wie in anderen Gebieten, fehlen. Die Ursache dafür liegt sicher darin begründet, daß der Untergrund im gesamten Einzugsgebiet der Gletscher überwiegend aus kristallinen Gesteinen besteht, die sehr sandig verwittern. Neben dieser sandigen Grundmoräne kommen auch zahlreiche andere Lockersedimente vor. Außer Endmoränen verschiedener Rückschmelzstadien gehören dazu ebenfalls Oser und Kames.

Die Lockersedimente tragen durchweg eine Solifluktionsdecke von einhalb bis ein Meter Mächtigkeit. In ihr sind die Gesteinsbrocken mit ihren Längsachsen hangabwärts eingeregelt. An manchen Stellen lassen sich solche Solifluktionsdecken mit Eiskeilpseudomorphosen verbinden, also mit Formen, die auf ehemaligen Permafrost zurückzuführen sind. Nach dem Verschwinden des Dauerfrostbodens fiel der Solifluktionsschutt in die ausgetauten Keile hinein. Heute trifft man in diesen Gebieten inselhafte Vorkommen von Permafrost in größerer Tiefe an. Bei dem Versuch, in der Nähe von Abisko am Torneträsk (an der Erzbahn Kiruna–Narvik) Trinkwasser für ein Touristenhotel zu erbohren, fror beispielsweise das Bohrgestänge über Nacht erst in 40 Meter Tiefe fest. Beim Bau der Erzbahn machte gelegentlich sogar in zwei Stockwerken auftretender Dauerfrostboden größere Schwierigkeiten vor allem dadurch, daß entweder Lockersedimente wie Fels bearbeitet werden mußten oder aber auftauende Bodenmassen in Bewegung gerieten und Erdfälle verursachten. Die Permafrostreste sind Relikte kälterer Klimaperioden.

Heute liegen die Solifluktionsdecken in Ruhe. Sie werden von Strauchtundra oder in tieferen Lagen von Birken- oder Fichtenwald bedeckt. In ihrem sandigen und sauren Substrat entwickelten sich

Nanopodsole. So nennt man Böden, die einen nur wenige Zentimeter mächtigen bleichen Auswaschungshorizont haben, aber einen 10 bis 20 Zentimeter starken braunen Unterboden, in dem die ausgewaschenen Eisenverbindungen angereichert wurden. Solche Böden findet man auch noch dort, wo heute in höheren oder exponierteren Lagen die Vegetation schütter wird und die periglaziale Frostschuttzone einsetzt. Hier wirken Solifluktion und andere periglaziale Vorgänge auch heute noch und zerstören den Boden. Dieser zeigt *Verwürgungserscheinungen*, so nennt man die durch Bodenfrostwirkungen (Kryoturbation) entstehenden vertikalen Durchmischungsstrukturen. Auch Winderosion führt an exponierten Stellen zur Zerstörung des Bodens.

Die Tundrenvegetation wird außerdem an vielen Stellen sehr kleinflächig zerstört. An etwas stärker aufragenden Oberflächen ist im Winter die Schneebedeckung geringer. Wind und Frost können leichter angreifen. Der Frost zieht Bodenwasser an, dadurch entsteht eine zusätzliche Volumenvermehrung und *Frosthebung*. Von ähnlichen Vorgängen sind hauptsächlich auch die die Kälte und Wärme besser als der Feinboden leitenden Steine betroffen, die deshalb schneller herausgehoben werden und die Vegetationsdecke zerstören *(Steinauffrieren)*. Auf diese Weise entstehen hier ebenfalls die schon aus Alaska und Kanada beschriebenen Frostmusterböden.

In vielen abflußlosen Formen der ehemaligen Glaziallandschaft haben sich im Holozän Moore gebildet. Da organisches Material besonders gut gegen Temperaturänderungen isoliert, sind in den Mooren häufig Dauerfrostinseln entstanden, die *Palsen* genannt werden. Solche Gebilde können mehrere Meter hoch werden und erheben sich deutlich über das übrige Moor. Zu starkes Größenwachstum kann schließlich zu ihrem Ende führen, indem nämlich der immer größer werdende Eiskern die isolierende Moorhülle sprengt und so der Sommerwärme ausgesetzt wird.

Literatur zu 5.1: OHLSON 1964; SEMMEL 1969; MOSIMANN 1983.

5.2 Glaziale Aufschüttungslandschaften im Norddeutschen Tiefland

Das Norddeutsche Tiefland war in der jüngeren Erdgeschichte immer Senkungsgebiet, auch während des Pleistozäns. Deshalb bilden pleistozäne Sedimente heute üblicherweise den Untergrund. Nur dort, wo Salinar-Tektonik, also durch das Aufdringen des im tieferen Untergrund liegenden Zechsteinsalzes ausgelöste Bewegung vorliegt, hat älteres Gestein die jungen Ablagerungen durchspießt (Salzstöcke, Diapire). Derartige Vorgänge können durch echte tektonische Bewegungen ausgelöst und beeinflußt werden. Es ist nicht auszuschließen, daß auch die Gletscher die Bewegungen in den Salzstöcken beeinflußten und ihrerseits gleichfalls von den Salzstrukturen bei ihrem Vordringen gesteuert wurden. Wiederholt sind Salzstöcke von der Gletschererosion betroffen worden, als Beispiel sei auf den Salzstock von Gorleben verwiesen, für den dies zunächst nicht angenommen wurde.

Bei seinem mehrfachen Einfall nach Norddeutschland ist das skandinavische Inlandeis verschieden weit vorgestoßen. Während mit den am Niederrhein liegenden Drenthemoränen die weitesten Vorstöße markiert wurden, gelangten in der letzten Eiszeit (Weichsel) die Gletscher nicht mehr über die Elbe. Die Endmoränen dieser Eiszeit laufen mitten durch Schleswig-Holstein, Mecklenburg, Brandenburg und Pommern. Die Bildungen der Weichseleiszeit werden der *Jungmoränenlandschaft* zugerechnet, die der älteren Eiszeiten der *Altmoränenlandschaft*. Im Gegensatz zur Altmoränenlandschaft ist die Jungmoränenlandschaft keinen nennenswerten periglazialen Überprägungen mehr ausgesetzt gewesen. In ihr sind die Züge und Eigenschaften einer glazialen Aufschüttungslandschaft am klarsten erhalten geblieben. Ihre typischen Eigenschaften werden nachstehend am Beispiel der Jungmoränenlandschaft Schleswig-Holsteins erörtert (Abb. 26).

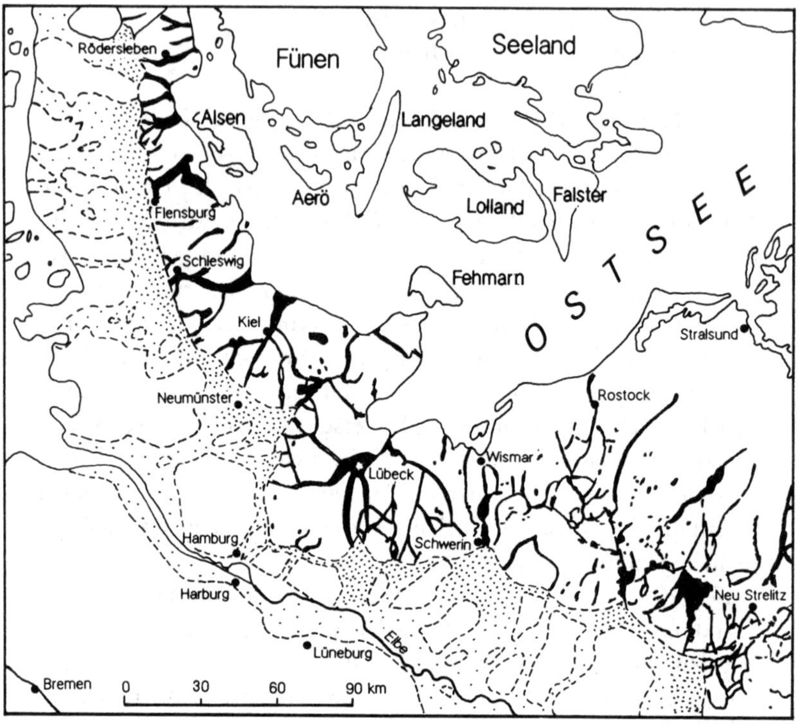

Abb. 26: Verbreitung von Formen der Weichseleiszeit (Jungmoränenlandschaft in Schleswig-Holstein und Mecklenburg) (nach WOLDSTEDT, P. [1922]: Studien an Rinnen und Sanderflächen in Norddeutschland. – Z. deutsch. geol. Ges., 74: 5–7, Berlin).

Schwarz = Hohlformen (Seen, Rinnen, Förden); enggepunktet = Sander; weitgepunktet = Abflußwege der Schmelzwässer im Altmoränengebiet.

5.2.1 Jungmoränenlandschaft in Schleswig-Holstein

Die glaziale Serie der letzten Eiszeit beginnt in Schleswig-Holstein mit *Zungenbecken*, die zur Ostsee hin geöffnet sind. Das Zentrum dieser Becken wird heute teilweise von den Förden eingenommen. An anderen Stellen sind Seen ausgebildet. An sie schließen sich oft größere Verlandungsbereiche mit Moorbildungen an. Charakteristikum dieses Landschaftsteiles ist das hochstehende Grundwasser. Das Feuchtökotop dominiert. Das Bestreben des Naturschutzes, möglichst viele und größere Areale hier unter Schutz zu stellen, konkurriert mit den Interessen des Fremdenverkehrs und des Wassersports. Probleme gibt es häufiger bei der Siedlungs- und Verkehrserschließung, nicht nur durch die Wasserflächen, sondern auch die Verlandungsbereiche sind wegen ihrer geringen Tragfähigkeit schlechte Baustandorte. Moore müssen für stärkere Belastungen ausgekoffert und durch andere Substrate ersetzt oder künstlich verfestigt werden. Probleme bereitet fast immer die Abwasserentsorgung, weil keine natürliche Vorflut gegeben ist.

Für die landwirtschaftliche Nutzung sind große Teile der Gebiete, die einstmals hohen Grundwasserstand aufwiesen, trockengelegt worden. Dabei mußten des öfteren tiefe Einschnitte gemacht werden, um die notwendige Vorflut zu schaffen. Die künstlichen Drainagen funktionieren nur eine bestimmte Zeit. Werden sie nicht in bestimmten Abständen überholt, steigt der Grundwasserspiegel wieder an. In solchen dränierten Senken sind oft die fruchtbarsten Böden zu finden. Besteht der Untergrund aus kalkhaltiger lehmiger Grundmoräne (Geschiebemergel), so haben sich meist bei natürlichem hohem Grundwasserstand Anmoore entwickelt. Das sind Böden, in deren oberen Teilen wegen des hohen Grundwasserstandes die organische Substanz nicht abgebaut wird. Nach der Entwässerung bekommt die Luft Zutritt und oxidiert das organische Material. Es stellt sich eine Tendenz zur Schwarzerdebildung ein. Beackerung fördert außerdem die Entwässerung, weil in den Senken größere Mengen von Kolluvium abgelagert werden, so daß die Oberfläche ansteigt und dann der Grundwasserspiegel in größeren Abstand unter Flur gerät.

Diese günstige Entwicklung ist nicht gegeben, wenn sehr tonige Substrate den Untergrund bilden, etwa Beckentone, die in abflußlosen Toteisarealen vor allem während der Abschmelzphasen vor dem eigentlichen Gletscher abgesetzt wurden. Dann vernäßt der Boden trotz Drainage in niederschlagsreichen Phasen immer wieder, weil die Wasserzügigkeit in den tonigen Substraten außerordentlich gering ist und somit die Wirkung der Dränung ausbleibt.

Beide Standorte, sowohl der mergelige als auch der tonige,

werden seitlich überwiegend von Parabraunerden aus Geschiebemergel begrenzt, die sehr gute Standorte darstellen. Als Nachteil ist einmal auf ihren oft recht großen Steingehalt zu verweisen *(Geschiebe)*, zum anderen führt die schon erwähnte Bodenerosion bei Beackerung dazu, daß vielerorts das Solum, also der von Bodenbildung erfaßte und entkalkte Bereich, weitgehend oder auch vollständig abgetragen wurde. Dabei bleibt zu beachten, daß die Entkalkungstiefe in den niederschlagsarmen Gebieten des östlichen Schleswig-Holsteins oft kaum einen Meter erreicht. Es darf deshalb nicht überraschen, wenn heute in den Zungenbecken verbreitet im kalkhaltigen Geschiebemergel geackert wird. Statt der sauren Parabraunerden bilden neutrale oder alkalische Kulto-Pararendzinen die Oberfläche. Solche Verhältnisse sind insbesondere typisch für die sogenannte kuppige Grundmoräne, die ein relativ hügeliges Relief besitzt.

Die in den Zungenbecken ebenfalls anzutreffenden sandig-kiesigen Ablagerungen wie Oser oder Kames sind für den Ackerbau weniger geeignet. Ihre überwiegend von Wald bedeckten Böden stellen sandige Braunerden dar, die sehr stark sauer sind und bei Nadelwaldbestand Podsolierungsmerkmale erkennen lassen. Oft sind die Sedimente primär schon kalkfrei, ansonsten dringt die Entkalkungsgrenze in dem stark durchlässigen Material bis mehrere Meter tief ein.

Werden die sandigen Standorte ackerbaulich genutzt, so geht von ihnen eine besonders große Gefahr hinsichtlich der Grundwasserbelastung mit Schadstoffen aus. Sie ist zwar weniger gering, wenn die Sandvorkommen geringe Ausdehnung haben und von einer Geschiebemergellage nach unten abgedichtet werden, jedoch sind die Lagerungsverhältnisse im Zungenbecken durch lokale sandgefüllte Erosionsrinnen, durch Stauchung und Verschleppung der Schichten infolge des Eisdruckes oft sehr kompliziert, so daß es schwer zu beurteilen ist, welche Wege kontaminiertes Wasser nehmen kann. Außerdem muß mit mehr oder weniger großen Lücken im Geschiebemergel oder mit sandigerer Ausprägung der Grundmoräne gerechnet werden. In solchen Fällen wird zum Beispiel der Kies des Sanders, der dem vorrückenden Gletscher vorgeschüttet wurde *(Vorstoßsande)*, direkt an die heutige Oberfläche gelangen und das

Ausgangssubstrat des durchlässigen sandigen Bodens bilden, in dem heute geackert und gedüngt wird. Da solche Standorte gegenüber den benachbarten Geschiebemergelböden in bezug auf ihren Nährstoffgehalt und ihren Wasserhaushalt deutlich ungünstiger sind, wird hier verstärkt gedüngt. Mithin darf an diesen Stellen mit kräftiger Belastung des Grundwassers gerechnet werden.

Die Belastung des Grundwassers erfolgt in den ackerbaulich intensiv genutzten Zungenbecken aber auch über den Oberflächenabfluß. Dieser befördert belastete Ackerkrume und aus ihr gelöste Schadstoffe in den Vorfluter. Damit wird nicht nur die Eutrophierungsgefahr der Bäche und Seen erhöht, sondern über das Uferfiltrat gelangen die belasteten Wässer gleichfalls in das Grundwasser. Im größeren Umfang werden entsprechende Verunreinigungen immer dann zu erwarten sein, wenn die Vorfluter von den Absenktrichtern der Trinkwasserbrunnen erfaßt werden. Bekanntlich führt die Grundwasserentnahme dazu, daß um den Brunnen herum der Grundwasserspiegel absinkt. Dadurch entsteht ein Grundwasserzug zum Brunnen. Der natürliche Zug zum Vorfluter wird umgekehrt. Selbstverständlich können dabei die schon angeführten gelegentlich komplizierten Lagerungsverhältnisse einwirken. Aufgepreßte Ton- oder Mergellagen im ansonsten kiesigen Untergrund unterbinden manchmal die Auswirkung eines Absenktrichters auf einen benachbarten See. Dessen Wasseraustausch kann außerdem durch eine feinkörnige dichte Sedimentdecke auf seinem Grund gestört sein.

Die häufig wechselnden Schichten im Untergrund des Zungenbeckens erschweren generell die Grundwassernutzung. Neben den Gefahren der Kontamination, die der Qualität des Grundwassers drohen, sind es vor allem Probleme der Quantität, die Sorge bereiten. Es dominieren lokale oder nicht zusammenhängende Grundwasservorkommen mit im allgemeinen geringer Quantität. Am günstigsten stellt sich die Situation in tiefen Rinnen dar, die vom Eisschurf oder durch unter hohem hydrostatischem Druck stehende subglaziale Schmelzwässer entstanden und später mit Kiesen und Sanden ausgefüllt wurden. In diesen mächtigen gröberen Sedimenten mit hohem Porenvolumen sammelt sich sehr viel Grundwasser, das heute bevorzugt für die Versorgung von Großverbrauchern genutzt wird. Die tiefen Rinnen dürfen selbstverständlich keinen Salzstock mit solehaltigem Grundwasser angeschnitten haben. Manchmal kommen salzhaltige Grundwässer auch schon nahe der Oberfläche vor, wenn die Salzstöcke sehr hoch aufragen oder sogar mit ihren Evaporiten beziehungsweise deren Lösungsrückständen zutage treten. Zu den Evaporiten (Verdunstungsrückstände von Salzwässern) gehören Karbonate, Sulfate und Chloride. Karbonathärte können die Grundwasser außerdem oft durch den kalkhaltigen Geschiebemergel zugeführt bekommen haben. Dessen $CaCO_3$-Gehalt ist stellenweise so hoch, daß er zu Düngungszwecken abgebaut wurde. Derartige Mergelgruben sind meist sehr kleine rundliche Hohlformen, die nicht immer leicht von ähnlichen, im Grundmoränengebiet der Zungenbecken weit verbreiteten natürlichen Erscheinungen zu unterscheiden sind, den *Söllen*. Ein Soll entsteht im Toteisareal beim Abschmelzen des Gletschers. Eisblöcke, die mit Moränen- oder Schmelzwassersedimenten überdeckt werden, können lange Zeit erhalten bleiben. Ihre Umgebung wird währenddessen mit fluvialen Sedimenten aufgefüllt. Erst danach taut das vom Gletscher schon längere Zeit abgetrennte Eis (deshalb *Toteis*) aus, und die Oberfläche sinkt ein. Toteis soll auch bei der Bildung sogenannter *Tunneltäler* beteiligt gewesen sein, deren stellenweise rückläufiges Gefälle damit erklärt wird. Deutet man dagegen die Täler als subglaziale Formen, dann läßt sich das gletschereinwärts gerichtete Gefälle mit dem großen hydrostatischen Druck und dem damit verknüpften möglichen Aufwärtsfließen des Wassers unter dem Eis gletscherauswärts verstehen.

Die die Zungenbecken nach Westen und Süden bogenförmig begrenzenden *Endmoränen* der Weichseleiszeit sind in Schleswig-Holstein sehr dicht gestaffelt. Dennoch wird angenommen, daß hier ebenfalls wie in Nordostdeutschland und den weiter nach Osten anschließenden Gebieten die markanteren Höhenzüge Eisstände repräsentieren, die jeweils mehrere tausend Jahre trennen (Brandenburger, Frankfurter und Pommersches Stadium). In dieser Zeit, mithin ca. 14000 bis 20000 Jahren vor heute, lag demnach das Eis im westlichen Schleswig-Holstein mit seinen Rändern und Endmoränen immer auf einen engen Raum konzentriert. Deshalb konnten sich die den einzelnen Stadien zuzuordnenden glazialen

Formenserien wohl auch nicht differenziert entwickeln, so daß heute mehr der Eindruck einer einzigen glazialen Serie entsteht: Eine Zungenbeckenregion wird begrenzt von einer verhältnismäßig kompakten Endmoränenkette, vor der sich ein Sanderfeld entwickelte.

Die Endmoränen sind unterschiedlich in ihrer Formenintensität. In charakteristischer Weise ausgebildet findet man die Jungendmoräne südlich von Kiel. Das außerordentlich kleinkuppige Relief weist hier manchmal auf kleinstem Raum mehr als 50 Meter Höhenunterschied auf. Manchmal werden sogar beinahe 100 Meter erreicht. Die Kuppen bestehen aus den typischen Sedimenten einer Satzmoräne, aus Kiesen, Sanden und Lehmen, vor allem aber auch aus Geschiebemergel. Neben den typischen Satzmoränen gibt es aber ebenfalls Stauchmoränen. Diese enthalten hauptsächlich Moränenmaterial älterer Eiszeiten, das vom Weichseleis gestaucht wurde, daneben ist teilweise auch älteres Endmoränensubstrat der Weichselvereisung mitgestaucht worden.

Die Kuppenlandschaft der Endmoräne wird von zahlreichen bei der Aufschüttung entstandenen abflußlosen Hohlformen überzogen, die teilweise mit Wasser gefüllt, teilweise aber schon verlandet sind und Moore bilden. Insgesamt bietet sich ein außerordentlich abwechslungsreiches Landschaftsbild, das seit langem den Tourismus anzieht („Holstein'sche Schweiz"), der insbesondere die Seen wegen der oft problematischen Abwässerentsorgung zusätzlich belastet. Belastung ist ansonsten gegeben durch die Landwirtschaft, die das Gelände trotz der hohen Reliefenergie zum großen Teil für den Weizen- und Zuckerrübenanbau nutzt. Grundlage dafür sind die ertragsfähigen Parabraunerden auf den Geschiebemergeln. Die Bodenerosion hat indessen in noch schlimmerem Ausmaß als auf der kuppigen Grundmoräne dafür gesorgt, daß die Parabraunerden abgetragen wurden und nunmehr überwiegend im kalkhaltigen Geschiebemergel geackert wird.

Die Bodenerosion und die mit ihr verbundene Abspülung von mit Schadstoffen belasteter Ackerkrume trägt auch im Endmoränengebiet ganz ähnlich wie im Zungenbecken zur Euthrophierung der Gewässer bei. Wahrscheinlich muß hier mit einer noch stärkeren Belastung gerechnet werden, weil die überwiegend größere Hangneigung den Oberflächenabfluß und den Bodenabtrag vergrößert.

Da im kalkhaltigen Mergel in der Regel weniger Nährstoffe pflanzenverfügbar sind als im durch die Entkalkung „aufgeschlossenen“ Lehm der Parabraunerde, muß kräftig gedüngt werden. Der Anteil an nicht von den Pflanzen verbrauchten Nährstoffen steigt in der Ackerkrume und somit auch im abgespülten Boden. Damit wird nicht nur das Wasser belastet, sondern das Kolluvium, das sich in den Senken der sehr kuppigen Landschaft sammelt, enthält sehr hohe Nährstoffanteile, vor allem Stickstoff. Der hohe Stickstoffgehalt führt zu besonders intensivem Pflanzenwachstum. Getreide beginnt dann häufig im Frühsommer bei Gewitterregen zu lagern und liefert weniger Erträge.

Die übrigen, schon bei den Ausführungen über die Zungenbecken erörterten Probleme hinsichtlich des Grundwassers gelten großenteils hier ebenfalls. Der oftmalige Schichtenwechsel, vor allem in Stauchmoränen, macht die Wege, die belastete Sickerwässer nehmen können, sehr unübersichtlich. Noch häufiger als in der Grundmoräne bilden sich kleine lokale Grundwasservorkommen, die bei Bauvorhaben zu unangenehmen Überraschungen führen können. Nicht selten bricht auch gespanntes Grundwasser an Straßenböschungen aus oder in Baugruben ein. Die Endmoränen stellen wegen der sehr differenzierten Schichtenlagerung häufig schwierige Baugründe dar. Nicht nur die unterschiedliche Wasserführung ist dabei von Bedeutung, sondern stark geneigte tonige Schichten rutschen leicht, wenn sie von wasserführenden kiesigen Lagen überdeckt sind. Außerdem bereitet das kleinkuppige, ständig Neigung und Exposition wechselnde Relief der Trassierung von Verkehrswegen erhebliche Beschwernisse.

Vor den Endmoränen der Weichseleiszeit sind in Schleswig-Holstein mehrere *Sanderfelder* ausgebildet. An die Endmoräne südlich von Kiel schließt der Sander von Neumünster an. Die von den Schmelzwässern vor dem äußersten Endmoränenzug aufgeschütteten kiesigen Sande bilden einen großen, sehr flachen Schwemmfächer. Er dacht von ca. 35 Meter Meereshöhe am Endmoränenrand auf weniger als 20 Meter bei Neumünster ab (Horizontaldistanz ca. sieben Kilometer). Die Hauptmasse der Sande wurde aus Tälern herausgeschüttet, die die Endmoränen unterbrechen. Die Mächtigkeit der Sande erreicht 20 Meter.

Trotz des sehr durchlässigen Untergrundes sind große Teile des Neumünster-Sanders keine trockene Sandlandschaft, vielmehr nimmt Grünland größere Flächen ein. Die Ursache dafür ist in der geringen Meereshöhe und dem daraus resultierenden hohen Grundwasserstand zu suchen, der auch immer wieder zur Vermoorung weiter Areale führte. Von den Mooren, wo also das Grundwasser die Oberfläche erreicht, ist ein häufig ganz allmählicher Übergang zu den Standorten ausgebildet, die nicht mehr grundwasserbeeinflußt sind. Bodenmäßig sind dabei alle Übergänge von Moor über das Anmoor, den Naßgley, den Gley bis zu den Braunerden oder Bänderparabraunerden entwickelt. Die Böden besitzen allgemein geringe Nährstoffgehalte und niedrige pH-Werte. Sie sind sehr durchlässig und haben deshalb eine geringe Feldkapazität. Das gilt auch für die Bänderparabraunerden, die ja keinen geschlossenen tonigen und damit dichteren Bt-Horizont aufweisen, sondern nur zahlreiche wenige Zentimeter starke tonigere Bänder, die nur geringe Mengen Wasser stauen können. Solche Böden sind typische Kiefern-Standorte. Ihre ackerbauliche Nutzung verlangt hohen Düngungsaufwand, der wiederum das Grundwasser belastet, das sich in den Sandern speichert und als Trinkwasser genutzt wird. Große Teile der Sander unterliegen heute der Nutzung als Sand- und Kiesgruben.

Die Sandersedimente konzentrieren sich in größerer Entfernung von den Endmoränen in schmaleren Strängen, die in das *Urstromtal* übergehen. Dabei werden in Schleswig-Holstein Moränen älterer Eiszeiten gequert, die über den Sanderzügen aufragen. In Mecklenburg und den nach Osten anschließenden Gebieten kommen statt dessen Moränen älterer Abschnitte der letzten Eiszeit vor.

Im Westen fließt die heutige Elbe im Urstromtal der letzten Eiszeit. Die Urstromtäler sind meist terrassiert, wodurch verschiedene Abschmelzstadien dokumentiert werden. Die Terrassenkanten können die Grenzen von verschieden alten Akkumulationen sein oder auch allein durch jüngere Erosion in einen einheitlichen Sedimentkörper eingeschnitten worden sein (Abb. 27). Als jüngste Eintiefungsphase ist der heutige Wasserlauf ausgebildet, der wenig Gefälle hat und die tiefliegende Umgebung nur schlecht entwässert, so daß Sümpfe und Moore zu finden sind.

Die breiten Urstromtäler enthalten sehr viel Sande *(Talsande)*.

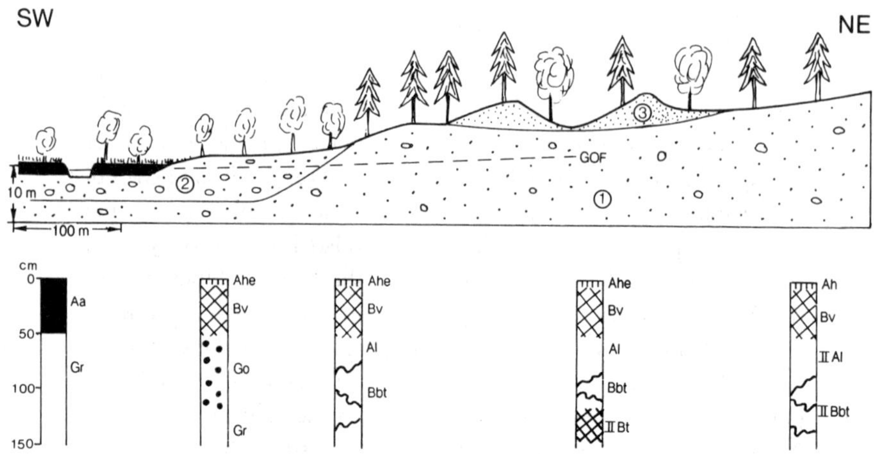

Abb. 27: Sedimente und Bodenabfolgen in einem Urstromtal.

1 = älterer Sander; 2 = kiesiger Sand des Urstromtals mit jüngerem Erosionsanschnitt (schwarz dargestellt); 3 = Dünensand; GOF = Grundwasseroberfläche.

Im Bereich des am tiefsten liegenden jüngeren Erosionsanschnittes reicht das Grundwasser bis nahe an die Oberfläche. Es ist deshalb ein Anmoor entstanden, also ein sehr humusreicher Mineralboden, in dem infolge ungenügenden Luftzutritts der Abbau der humosen Substanzen gehemmt ist. Im höhergelegenen Teil des Urstromtals hat sich auf den kiesigen Sanden ein Braunerde-Gley entwickelt, ein Boden, der im oberen Teil die Merkmale einer Braunerde aufweist, im tieferen Teil wegen des hohen Grundwasserstandes die eines Gleys. Da die kiesigen Sande basenarm sind, ist der Boden podsoliert (Ahe-Horizont). Der hohe Grundwasserstand bietet günstige Bedingungen für Weichhölzer (Erlen, Weiden).

Die Böden auf dem deutlich höher liegenden Sander sind nicht mehr vom Grundwasser beeinflußt. Unter dem Bv-Horizont der Braunerde ist eine sogenannte Bänder-Parabraunerde entwickelt, die keinen geschlossenen Tonanreicherungshorizont (Bt) besitzt, sondern nur zahlreiche schwache Tonbänder (Bbt).

Ähnliche Böden sind auch auf den Dünen anzutreffen. Jedoch gibt es hier, bei nur geringmächtiger Flugsanddecke an der Grenze Flugsand zum Sandersand, oft einen mächtigeren, geschlossenen Tonanreicherungshorizont (IIBt), weil an der Substratgrenze ein Stau der Sickerwässer und damit ein Absetzen der Tonfracht erfolgt. Dieser mächtigere Bt-Horizont verbessert mit seiner höheren Feldkapazität (Wasserhaltevermögen) den Standort. An solchen Stellen kann deshalb anspruchsvollerer Laubmischwald existieren, während die übrigen Sanderstandorte besser für Kiefern geeignet sind.

Dieser Sand ist häufig noch in der letzten Kaltzeit verweht worden, so daß in den Urstromtälern Dünenzüge die Landschaft prägen. Sie werden von Bänderparabraunerden überzogen, die stark saure, nährstoffarme und trockene Standorte darstellen und somit den Böden der grundwasserfernen Areale der Sander ähneln. Es sind typische Kiefern-Standorte.

Literatur zu 5.2.1: PICARD 1962; ROESCHMANN 1974; LIEDTKE 1981; FRÄNZLE 1989.

5.2.2 Altmoränenlandschaft im Nordwestdeutschen Tiefland

Kennzeichnend für die nordwestdeutsche Altmoränenlandschaft sind einmal das deutlich flachere Relief (geringere Reliefenergie), die Einbeziehung in ein Talrelief, es fehlen also weitgehend abflußlose Hohlformen, und die Dominanz von Sanden. Dem letztgenannten Umstand wird schon durch die Bezeichnung *Geest* als Synonym für sandige Landschaft Rechnung getragen. Übersandung, geringe Reliefenergie und das gegenüber der Jungmoränenlandschaft deutlich ausgeprägtere Talnetz sind Folgen der periglazialen Überformung, der diese Landschaft während jüngerer Eiszeiten, insbesondere während der letzten Eiszeit, ausgesetzt war.

Die glazialen Serien aus der Zeit vor der letzten Vereisung können der periglazialen Überformung unterschiedlich lange unterworfen gewesen sein. Zwar sind aus Nordwestdeutschland bisher keine heute an der Oberfläche liegenden Formen der ältesten Vereisung in diesem Gebiet, der Elster-Eiszeit, bekannt geworden, aber während der nachfolgenden Saale-Eiszeit wurden verschiedene Endmoränenzüge mit den dazugehörigen Formen der glazialen Serie gebildet, die heute das Relief entscheidend differenzieren und zu sehr verschiedenen Zeiten entstanden. So sind zum Beispiel die Endmoränen der Drenthe-Zeit aus der frühen Saale-Eiszeit schon den periglazialen Formungsvorgängen der Warthe-Zeit aus der späten Saale-Eiszeit ausgesetzt gewesen. Die Warthe-Endmoränen hingegen unterlagen der periglazialen Formung nur während der letzten, der Weichsel-Eiszeit. Wie die periglaziale Überformung ab-

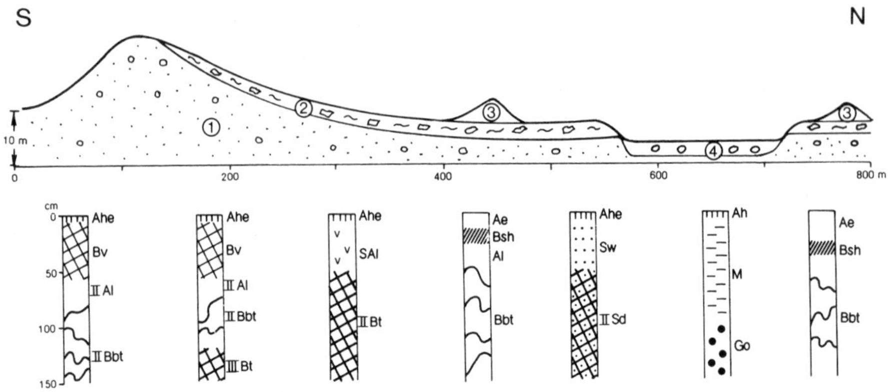

Abb. 28: Altmoräne und Böden in der Geest.

1 = kiesig-sandige Stauch-Endmoräne aus Vorschüttsanden; 2 = Geschiebemergel; 3 = Düne; 4 = periglazialer Kies der letzten Kaltzeit.

Von Süden nach Norden sind folgende Böden entwickelt: Auf den gestauchten Vorschüttsanden (Schmelzwassersedimente aus der Vorstoßphase des ehemaligen Gletschers) ist eine podsolige Braunerde-Bänderparabraunerde ausgebildet. Ihr oberer Profilteil gehört zu einer letztkaltzeitlichen Fließerde, die meist etwas Lößlehm enthält und den ursprünglich völlig sandigen Standort verbessert.

Dicht unterhalb des Endmoränen-Scheitels wurde der Geschiebemergel besonders mächtig von oberhalb liegenden Sanden unter den periglazialen Bedingungen der letzten Kaltzeit überschüttet. Statt der ursprünglichen, fruchtbaren Parabraunerde aus Geschiebemergel ist nunmehr eine nährstoffarme Braunerde-Bänderparabraunerde mit schlechter Feldkapazität anzutreffen. Tiefwurzelnde Pflanzen können sich zusätzliche Nährstoffe und Wasser aus dem Bt-Horizont (IIIBt) erschließen, der unter dem Sand auf dem Geschiebemergel entwickelt ist. Dieser enthält oftmals Reste des letztinterglazialen Bodens, hat also teilweise reliktische Merkmale.

In den ebeneren Lagen nördlich des Moränenkammes wird die periglaziale Sanddecke geringer. Der auf dem Geschiebemergel entstandene Bt-Horizont (IIBt) kommt nahe an die Oberfläche. Seine Dichte führt zur Staunässebildung (SAl).

In der Nähe von periglazialen Talböden (Talsandebenen) sind in der letzten Kaltzeit Dünen dem Geschiebemergel aufgeweht worden. Auf den sauren und basenarmen Flugsanden entstanden im Holozän häufig Podsolböden, hier eine Podsol-Bänderparabraunerde (mittleres Bodenprofil). In völlig ebener Lage und bei nur sehr geringmächtiger periglazialer Deckschicht lief und wie sie sich heute geoökologisch auswirkt, wird im folgenden und anhand von Abb. 28 erläutert.

Eine präweichseleiszeitliche Stauch-Endmoräne setzt sich aus Vorschüttsanden, den Schmelzwasserablagerungen des vorrükkenden Gletschers und dem Geschiebemergel der Grundmoräne des Gletschers zusammen. Vor der Endmoräne liegt der Sander dieses Gletscherstandes, auf der Innenseite der Endmoräne der Geschiebemergel des Zungenbeckens. Dieses Becken wurde während der letzten Eiszeit, mithin unter periglazialen Bedingungen, fluvial zerschnitten. Dabei tieften sich die Wasserläufe in die unter dem Geschiebemergel liegenden Vorschüttsande ein und legten hier ihr für periglaziale Gerinne typisches breites Bett an. Da das breite Sandbett *(Talsandebene)* nur während der Schneeschmelze im Frühjahr kurzfristig total überflutet war, in der übrigen Zeit aber trocken lag, konnten vom Wind hier größere Sandmassen aufgenommen und als Flugsand in die Umgebung verblasen werden. Ähnliches geschah auch auf den Sanderflächen vor der Endmoräne. Große Teile der glazialen Serie wurden auf diese Weise von Sand überdeckt. Doch blieb diese Sanddecke nicht überall erhalten. In feuchteren Zeitabschnitten einer Kaltzeit gewannen Abspülung und Solifluktion die Oberhand über die äolischen Vorgänge. Dabei vermischte sich auf den Hängen schon bei flacher Neigung Flugsand mit Material aus dem Untergrund, also auch mit Kiesen und Geschiebemergel. Auf diese Weise entstand der *Geschiebedecksand*, der ein charakteristisches Sediment der nordwestdeutschen Altmoränenlandschaft, der Geest, ist. Abspülung und Solifluktion wurden durch Phasen mit Permafrost und deshalb undurchlässigem Untergrund gefördert.

---

können auf dem undurchlässigen Geschiebemergel auch komplette Staunässeböden (Pseudogleye) entstanden sein (Sw-IISd-Profil).

Im periglazialen Talboden liegt über dem Kies ein holozäner Auenlehm (M) mit einem Braunen Auenboden. Er ist ein Produkt der anthropogenen Bodenerosion. Vor seiner Ablagerung war ein Gley in dem Talboden ausgebildet. Nunmehr hat das Grundwasser einen deutlich größeren Flurabstand. Nur noch bei Hochwässern gelangt es kurzfristig in Oberflächennähe.

Die beschriebene Entwicklung hatte eine deutliche Nivellierung des Reliefs zur Folge. Vom früheren Gletscher zurückgelassene übertiefte Bereiche, auch Toteislöcher und ähnliche Bildungen, wurden weitgehend von den periglazialen Sanden aufgefüllt. Nur vereinzelt sind deshalb solche Hohlformen heute noch im Altmoränengebiet zu finden. Andererseits war die äolische Akkumulation stellenweise so kräftig, daß Dünenzüge entstanden, die die Abtragungsphasen überdauerten und das heutige Relief beleben. Ansonsten wurden die höheren Rücken durch die periglaziale Abtragung abgeflacht. Das Ausmaß dieser Abflachung ist nur schwer genauer zu bestimmen. Die Annahme, das meist deutlich flachere Relief der Endmoräne in der Altmoränenlandschaft sei eine Folge der periglazialen Abtragung, erscheint nicht unbedingt überzeugend, wie weiter unten am Beispiel des Alpenvorlandes eingehend begründet wird. Jedenfalls ist in der Regel auf den Hängen der von der letzten interglazialen Bodenbildung noch nicht erfaßte Untergrund nicht von der weichselzeitlichen Denudation freigelegt worden. Mit anderen Worten, die holozäne Bodenbildung fand und findet in Substraten statt, die schon interglazial vorverwittert waren. Das ist ein weiterer Grund für die relativ schlechten Bodenverhältnisse auf der „armen" Geest. Insgesamt darf gesagt werden, daß die periglaziale Überformung im nordwestdeutschen Altmoränengebiet entscheidende geoökologische Veränderungen bewirkt hat, die sich heute vor allem auch als ökonomisch nachteilig erweisen, von einzelnen nachstehend ebenfalls erörterten Ausnahmen abgesehen.

Von den steilgestellten Schichten der Stauch-Endmoräne ragen gemeinhin die sandig-kiesigen Partien am höchsten auf, denn sie sind wegen ihrer großen Wasserdurchlässigkeit morphologisch härter als die benachbarten Geschiebemergel. Auf den Sanden und Kiesen hatte sich im letzten Interglazial eine Bänderparabraunerde entwickelt, auf dem Geschiebemergel eine Parabraunerde. Es lagen zwei Böden mit sehr verschiedenen ökologischen und ökonomischen Eigenschaften nebeneinander. Unter den periglazialen Bedingungen der letzten Kaltzeit ist sandiges Material vom Sandrücken auf den tieferliegenden Mergel gewandert. Die Überschüttung kann so mächtig sein, daß sich die guten Eigenschaften der auf dem Geschiebemergel ausgebildeten Parabraunerde (hoher Basengehalt, ausgeglichener Wasserhaushalt) an der heutigen Oberfläche überhaupt nicht mehr bemerkbar machen. Aus dem Laubwald-Standort kann ein Kiefern-Standort geworden sein, da nunmehr in den sandigen Deckschichten eine Bänderparabraunerde mit geringem Basengehalt und schlechter Feldkapazität entwickelt ist. Bei geringer Sandauflage hat sich manchmal allerdings ein staunasser Boden gebildet, weil in dem porenreichen Sand über dem wenig durchlässigen Mergel in niederschlagsreichen Perioden sehr viel Wasser gespeichert wird, zumal von den Hängen her Wasser zuzieht. Zwar führt hier der durchlässige Sand selten zu nennenswertem Oberflächenabfluß, jedoch können dichte Streuschichten (Bestandesabfall) oder wenig durchlässige Bodenhorizonte, etwa Anreicherungshorizonte eines Podsols, die Tendenz zum Oberflächen- oder oberflächennahen *(Interflow)* Abfluß verstärken.

Auf den Hängen der Stauch-Endmoräne variieren die Mächtigkeiten der sandigen Deckschichten ebenfalls. In Dellen, typischen Periglazialformen in der glazialen Altmoränenlandschaft, ist der liegende Mergel gleichfalls sehr stark überdeckt. Die Trockenheit des Standorts wird jedoch durch die Dellenlage gemildert, da hier fast immer Hangwasser zuzieht. Zwischen solchen Dellen wird der Geschiebedecksand geringmächtiger, so daß bei Ackernutzung und damit verbundener Bodenerosion sehr bald im lehmigen Ton des Geschiebemergels gepflügt wird.

In ähnlicher Weise läßt sich auch die periglaziale Überformung im Zungenbecken verfolgen. Dessen Boden liegt infolge der periglazialen Zerschneidung und der damit einhergehenden Tieferlegung der Vorfluter als *Geestplatte* meist deutlich über der Grundwasseroberfläche. Diese wird selbst in den periglazial entstandenen, heute trockenliegenden Dellentälern nicht erreicht. Trotzdem gibt es dort, wo die Sanddecke nur geringe Dicke aufweist, infolge des stauenden Untergrundes feuchte Standorte. Sie findet man hauptsächlich in den außerordentlich flachen Ursprungsmulden der Dellentälchen. In nur geringer Entfernung davon können mit Dünen, auf denen Bänderparabraunerden oder Podsole entwickelt sind, sehr trockene Standorte liegen.

Die periglaziale Übersandung und die daraus resultierende schlechte Bodenqualität ist die Ursache für die Entwicklung der

Plaggendüngung. In größerer Siedlungsferne wurden flächenhaft Grassoden, im allgemeinen Material des Ah-Horizontes, ausgestochen. Dieser humose Mineralboden fand Verwendung in den Ställen als Einstreu und anschließend als Dung auf den dorfnahen Feldern. Auf diese Weise entstand der *Plaggenesch*, ein Bodenprofil, in dem der natürliche Boden, ein Podsol oder eine Podsol-Parabraunerde, von einem manchmal mehr als einen Meter mächtigen künstlich aufgebrachten humosen Mineralboden überdeckt ist. Dort, wo das Material für diese Düngung entnommen wurde, setzte auf dem entblößten Sand- oder Kiesboden vielfach kräftige Deflation ein, die zu beträchtlichen Sandverwehungen führte. Ein großer Teil der nordwestdeutschen Dünen ist infolge der Plaggenkultur entstanden. Ähnliches gilt auch für einen großen Teil der Flugsandebenen, in denen keine lokal besonders mächtigen Sandakkumulationen stattfanden. Die infolge der Plaggenwirtschaft entstandenen *Wehsande* sind teilweise auch heute noch in Bewegung. Der größte Teil ist indessen nach der Aufgabe der Plaggenwirtschaft festgelegt worden.

Die Dominanz der von Natur aus nährstoffarmen Sandböden im nordwestdeutschen Altmoränengebiet verlangt im Falle der intensiven landwirtschaftlichen Nutzung umfangreiche Düngung, ähnlich wie die Sander im schleswig-holsteinischen Jungmoränengebiet. Da in Nordwestdeutschland zumindest im westlicheren Teil die Niederschläge deutlich höher sind als im östlichen Schleswig-Holstein, muß mit einer verstärkten Auswaschung gerechnet werden, ein Befund, der auch schon durch die generell stärkere Tendenz zur Podsolierung bei vergleichbaren Ausgangssubstraten gestützt wird. Die Belastung des Grundwassers mit Schadstoffen, die mit intensiver landwirtschaftlicher Nutzung verknüpft sind, ist deshalb im nordwestdeutschen Altmoränengebiet als gegeben anzusehen. Hier bleibt aber zu beachten, daß Geschiebemergeldecken, die im Sandergebiet Schleswig-Holsteins fehlen oder erst in größerer Tiefe liegen, wegen ihrer geringen Wasserwegsamkeit Schutzfunktion für das Grundwasser besitzen. Zugleich wird durch die Mergel die Quantität des Grundwassers eingeschränkt. Überhaupt sind die Altmoränengebiete wegen ihrer häufigen Substratwechsel im Untergrund nur wenig oder mäßig ergiebige Grundwasserleiter. Eine Ausnahme bilden die Talsandebenen. Da hier aber wenige durchlässige Substrate wie der Geschiebemergel fehlen, ist die Kontamination mit Schadstoffen, vor allem Nitraten, besonders hoch. Die Verunreinigung wird außerdem durch Sand- und Kiesgruben und deren nachfolgende Deponie-Nutzung gefördert, zumal in den Talsandebenen meist der Grundwasserspiegel durch die Gruben angeschnitten ist.

Literatur zu 5.2.2: Pyritz 1972; Duphorn 1974; Roeschmann 1974; Fränzle 1989.

5.3 Glaziale Aufschüttungslandschaften im Deutschen Alpenvorland

Im Deutschen Alpenvorland ist zwar ganz ähnlich wie in Norddeutschland eine Gliederung in Alt- und Jungmoränenlandschaft mit den jeweils dazugehörigen glazialen Serien möglich, jedoch kommen gravierende Unterschiede vor, die es sinnvoll erscheinen lassen, näher erörtert zu werden, zumals sie von geoökologischer Bedeutung sind. Als wichtigster Unterschied muß wohl angeführt werden, daß der Sand, der in Norddeutschland und überhaupt im nördlichen Mitteleuropa so überaus dominiert, im Alpenvorland sehr zurücktritt. Am deutlichsten äußert sich das in der Zusammensetzung der *Sander* im Alpenvorland. In ihnen herrschen Kiese vor. Es wird deshalb in der Regel auch nicht von Sandern, sondern von Terrassen oder Schottern gesprochen. Der Sander der Jungmoräne heißt *Niederterrasse*, die Sander der älteren Moränen *Hochterrasse* oder *Deckenschotter*. Die Ursache für den deutlich geringeren Sandanteil liegt wohl im Liefergebiet begründet. Sämtliche Gletscher, die aus den Alpen kommend das Vorland erreichten, mußten die die kristallinen Zentralalpen umgebenden Kalkalpen durchqueren. Sie erodierten dabei erhebliche Mengen feinkörnigen Kalkgesteins, das mehr zur Geröll- als zur Sandbildung neigt, im Unterschied zum meist grobkörnigen Kristallin, dessen stabile Quarzminerale vor allem Sand liefern. Durch mechanische Verwitterung entstandener Kalksand wird dagegen vom Wasser schnell gelöst und weggeführt.

Außerdem ist das Gefälle von den Endmoränen bis zum Urstromtal, das hier von der Donau gebildet wurde, erheblich größer als in Nordwestdeutschland. Die daraus resultierende größere Transportkraft förderte den Abtransport der feineren Korngrößen und eine Anreicherung der gröberen Kies-Korngrößen.

Obwohl im Gegensatz zu Norddeutschland das Alpenvorland nicht von einer geschlossenen Eismasse überfahren wurde, sondern von mehreren isolierten Eisströmen, die aus den Alpen-Quertälern austraten, bildete sich dennoch auch im Alpenvorland fast in jeder Vereisungsphase eine geschlossene Endmoränenfront aus. Ähnlich wie in Norddeutschland während der Weichseleiszeit sind mehrere Zungenbecken zu unterscheiden, im Unterschied zu Norddeutschland hatten diese eine solche Funktion aber nicht nur während der letzten Eiszeit, sondern auch während der älteren Eiszeiten. Man spricht deshalb von *Stammbecken*. Als Beispiel sei das Stammbecken des Rheingletschers angeführt, das zwischen der Iller und der Schwäbischen Alb mit dem Bodensee als zentralem Tiefenbereich liegt. Die Existenz der Stammbecken weist schon darauf hin, daß die pleistozänen Gletscher des Alpenvorlandes lokal stärker fixiert waren als die des Norddeutschen Tieflandes. Sie stießen immer nur begrenzt in das Vorland vor, die Endmoränen aus den verschiedenen Eiszeiten liegen hier somit dicht beieinander.

Schließlich bleibt ein weiterer bedeutsamer Unterschied zu beachten: Während in Norddeutschland Löß erst in sehr großer Entfernung vom letztglazialen Eisrand vorkommt, trifft man Löß und Lößderivate im Alpenvorland bereits in unmittelbarer Nachbarschaft der Jungendmoräne an. Das bedeutet, daß ein beträchtlicher Teil der glazialen Formen, die vor der Würm-Eiszeit entstanden, von Löß bedeckt wird. Die heutige Bodenbildung fand deshalb hier nicht im Moränenmaterial, im Terrassenschotter und schon gar nicht im Geschiebedecksand oder im Flugsand, sondern eben im Löß statt. Von daher erklären sich die guten Bodeneigenschaften großer Teile der Altmoränenlandschaft im Alpenvorland. Im Unterschied zu Norddeutschland gab es im Alpenvorland keine oder deutlich weniger Sand-Liefergebiete. Außerdem kann das kontinentalere Klima im Alpengebiet auch die Lößbildung begünstigt haben.

Die angeführten Unterschiede werden am Beispiel des Stammbeckens des Ammersee-Gletschers näher erläutert. Begonnen wird analog zu den Ausführungen über die norddeutsche Glaziallandschaft mit der Jungmoränenlandschaft.

Literatur zu 5.3: GRAUL 1973; FISCHER 1989.

5.3.1 Jungmoränenlandschaft im Ammersee-Gebiet

Das Ammersee-Gebiet gehört der Zungenbeckenregion, dem ehemaligen Eislappen des Isar-Loisach-Gletschers an. Es läßt sich deutlich ein äußerer Endmoränenkranz, bis zu dem während der Würm-Eiszeit das Eis maximal vordrang, von jüngeren Endmoränen-Staffeln unterscheiden, die beiderseits des zungenförmigen Ammersees liegen. Die jüngeren Endmoränen schnüren ältere Teile des Zungenbeckens ab, beispielsweise den Wörth-See. Flachere Teile des Ammersees verlanden. Es sind Torfe entstanden, die teilweise abgebaut werden. Zwischen den Endmoränen und dem zurückschmelzenden Eis sammelten sich größere Wassermassen, die nicht abfließen konnten. In ihnen setzten sich die sogenannten Beckentone ab, die manchmal als Ziegelei-Rohstoff abgebaut werden. Wegen ihrer geringen Durchlässigkeit sind auf ihnen staunasse Böden ausgebildet, die in Grundwassernähe in Gleye übergehen. Auf den Geschiebemergeln der Grundmoränen kommen allgemein sehr gute Parabraunerden vor, wie sie vergleichbar auch im Jungmoränengebiet Schleswig-Holsteins zu finden sind.

Soweit scheinen ähnliche Bedingungen wie in den Zungenbecken Schleswig-Holsteins gegeben. Völlig andere Bodenverhältnisse liegen jedoch auf den grobkörnigen Endmoränen, Osern etc. vor, die hier vor allem aus kalkhaltigem Kies und nicht aus kalkfreiem Sand wie in Schleswig-Holstein bestehen. Statt der basenarmen und stark sauren Bänderparabraunerden, die oft podsolig sind, finden wir hier die typischen Parabraunerden des Alpenvorlandes. Diese zeichnen sich durch einen recht tonigen, oft nur wenige Zentimeter starken Bt-Horizont aus. Der hohe Tongehalt ist auf Lösungsrückstände der Kalkschotter zurückzuführen. Die Entkalkungsgrenze greift zapfenförmig in den unverwitterten Kies ein, so daß eine recht unterschiedliche Solumtiefe entsteht. Der Wasserhaushalt der Böden ist deshalb deutlich differenziert. In den Zapfen kann mit mittlerer bis guter Feldkapazität gerechnet werden, außerhalb der Zapfen mit schlechter. Insgesamt zeichnet diese Böden hoher Basengehalt und ein günstiger pH-Wert aus. Es liegen somit eindeutig bessere Standortverhältnisse als auf den sandigen Ablagerungen in den schleswig-holsteinischen Zungenbecken vor. Von Nachteil für die ackerbauliche Nutzung ist der hohe Steingehalt der Böden. Dieser macht sich jedoch positiv als Hemmnis gegenüber der Bodenerosion bemerkbar.

Nachteilig bleibt auch hier für die Zungenbecken die ungenügende Vorflut. Insbesondere die Abwasserentsorgung bereitet Probleme in diesen auch von Touristen stark beanspruchten Gebieten und kann nur mit überaus kostenaufwendigen Verfahren vorgenommen werden. Bekanntlich ist die Abwendung der Eutrophierung der Zungenbeckenseen im Alpenvorland eine vordringliche Aufgabe des Umweltschutzes. Nicht zuletzt auch deshalb, weil Uferfiltrat aus den stark belasteten Seen in das Grundwasser gelangt, zumal die Seen oft in glazialen Kiesrinnen liegen, die im Unterschied zu dem sonst nur beschränkt grundwasserführenden Untergrund der Zungenbecken reichlich Grundwasser speichern und deshalb intensiv für die Wasserversorgung genutzt werden.

Der äußere Endmoränenkranz ist mehrfach gegliedert. Wie der Abb. 29 entnommen werden kann, bauen sich die Kuppen großenteils aus Geschiebemergel auf, dem nach außen eine aus Kies bestehende Anschüttung vorgelagert ist. An der Bildung dieser sogenannten *Schottermoräne* war im wesentlichen Schmelzwasser beteiligt. Diese Moräne vermittelt den Übergang zu den Kiesen des Sanders. Innerhalb der mergeligen Endmoräne wechseln basenreiche tonigschluffige Parabraunerden auf den Kuppen und deren Hängen mit vernäßten Böden (Pseudogleyen) an den Unterhängen. In den abflußlosen Mulden selbst kommen neben Gleyen auch Anmoore und Niedermoore vor (Abb. 30). Insgesamt stellt sich auch hier ein außerordentlich stark auf kleinstem Raum wechselndes Bodenmosaik mit extrem verschiedenen ökologischen Auswirkungen ein, wie es ähnlich vom Jungmoränengebiet Schleswig-Holsteins

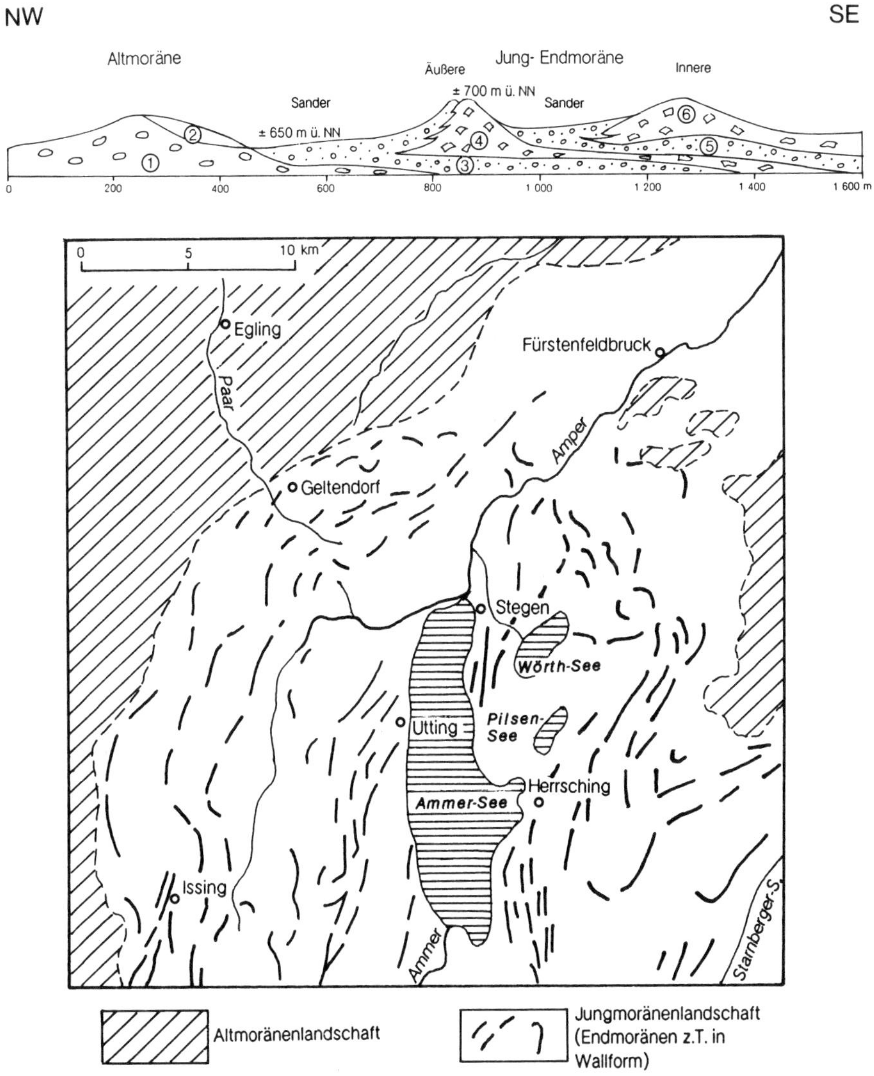

Abb. 29: Formen und Sedimente der Endmoränen im Ammersee-Gebiet.

oben: Profilschnitt.

1 = rißzeitliche Moräne; 2 = würmzeitliche Lößdecke auf 1; 3 = ältere würmzeitliche Vorstoßschotter und Schotterfluren (Sander); 4 = ältere würmzeitliche Moräne; 5 = jüngere Vorstoßschotter und Schotterfluren; 6 = jüngere würmzeitliche Moräne.

unten: Flächenhafte Verbreitung.

beschrieben wurde. Als neue Variante treten indessen die auf der kalkhaltigen Schottermoräne entwickelten kiesigen Parabraunerden hinzu, wie sie schon aus den Zungenbecken beschrieben wurden.

Die Endmoränen sind überwiegend mit Fichten bestanden. Auf den kiesigen, trockenen Böden stocken auch Kiefern, doch wird die edaphische, vom Boden bedingte Trockenheit durch die hohen Niederschläge (Staulage vor dem Alpenrand) weitgehend aufgewogen, so daß der Feuchtigkeitsbedarf der Fichte auch noch auf kiesigen Böden befriedigt wird. Aus ähnlichen Gründen lassen sich die kiesigen Endmoränen gleichfalls als Grünland nutzen. Die Beackerung wird dagegen auf diesen wie auch auf den lehmig-tonigen Böden durch die kräftige Reliefierung sehr erschwert. Außerdem sind gerade die Parabraunerden aus Geschiebemergel wegen ihres schluffigen und deshalb leicht verspülbaren Oberbodens und ihres stellenweise wenig durchlässigen tonigen Unterbodens in hohem Maße bei diesen Hangneigungen erosionsgefährdet. Ähnlich wie in Schleswig-Holstein wird heute vielfach im kalkhaltigen Mergel geackert, der gesamte natürliche Boden ist durch die Bodenerosion abgetragen.

Die kiesigen Teile der Endmoränen werden vielerorts für den Kiesabbau genutzt. Die Kiesgruben sind später oft in Deponien umgewandelt worden. Wegen des durchlässigen Untergrundes und der Verbindung zu den hangabwärts anschließenden Kiesfeldern der Sander (vgl. Abb. 29) ist an vielen Stellen Kontaminationsgefahr für das Grundwasser gegeben, das vor allem aus den Sandern als Trinkwasser gefördert wird.

Die Endmoränenzüge werden von Tälchen gequert, die die Schmelzwässer des weiter einwärts gelegenen Gletschers eingeschnitten haben. Diese Tälchen sind mit Kiesen gefüllt, die in die Terrassenfelder vor den Endmoränen übergehen. Weil die Wässer der jüngeren Abschmelzstadien sich in die älteren Aufschüttungen eingeschnitten haben, sind an den Flanken der Tälchen, die die Endmoränen queren, Terrassierungen entstanden. Die Tälchen selbst liegen heute großenteils trocken und bieten günstige Voraussetzungen für die Anlage von Straßen und Bahnen durch die Endmoränen hindurch.

Im Bereich der Schotterfelder vor der Endmoräne, also auf

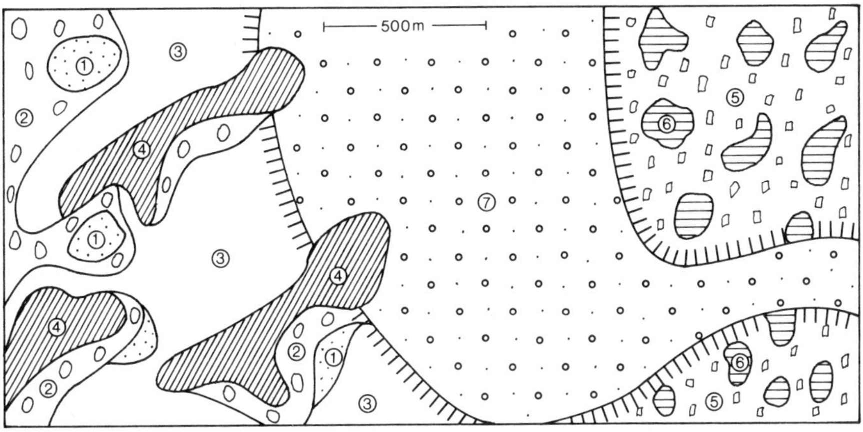

Abb. 30: Bodenverbreitung in der Jung- und Altmoränenlandschaft des Ammersee-Gebietes.

Altmoränenlandschaft (beackert):
1 = durch Bodenerosion freigelegte Rißmoräne (Kulto-Pararendzina); 2 = stark erodierte reliktische Parabraunerde auf Rißmoräne; 3 = Parabraunerde aus Würmlöß; 4 = Acker-Kolluvium in periglazialen Dellen.

Jungmoränenlandschaft (großenteils waldbedeckt):
5 = Parabraunerde aus Würmmoräne; 6 = Gleye, Anmoore und Moore in abflußlosen Hohlformen; 7 = Kiese eines Sanders, der von Schmelzwässern im Würm aufgeschüttet wurde, als der Gletscher nicht mehr den äußeren Jungmoränenkranz erreichte (beackert).

den Sandern, herrscht Gelände mit kontinuierlicher Neigung nach außen vor. Typische Schwemmfächer sind dennoch nur an besonders günstigen Stellen ausgebildet, weil die dicht vor der Jung-Endmoräne liegenden Alt-Endmoränen der Entwicklung größerer Schwemmfächer hinderlich waren. Deshalb überrascht es nicht, daß die durchschnittliche Ausdehnung der Schotterfelder vor der Jung-Endmoräne selten drei bis fünf Kilometer überschreitet. Eine Ausnahme stellt die „Münchner Schotterebene“ dar, bei deren Entwicklung tektonische Einflüsse von Bedeutung waren.

Im allgemeinen ist die Mächtigkeit der Schotter auch nicht sehr groß. An den meisten Stellen wird der Untergrund, entweder ältere Grundmoräne oder tertiäres Gestein, schon in weniger als 10 Meter

Tiefe erreicht. Das hat praktische Konsequenzen einmal für den hier weit verbreiteten Kiesabbau und zum anderen für die Quantität des ebenfalls genutzten Grundwassers. Das Liegende des Kieses ist un- oder wenig durchlässig. Das sich darüber sammelnde Grundwasser wird nicht nur durch den Kiesabbau und eventuell nachfolgende Deponienutzung gefährdet, sondern bleibt wegen der relativen Nähe zur Oberfläche auch den belasteten Sickerwässern ausgesetzt, deren Schadstoffe aus der landwirtschaftlichen Nutzung stammen können. Diese nimmt große Flächen der Schotterfelder ein. Auch hier sind die schon beschriebenen kiesigen Parabraunerden entwikkelt, die wenig Schutz gegen die belasteten Sickerwässer bieten, da sie gut durchlässig sind. Allerdings ist ihre Filterwirkung wohl doch etwas günstiger als die der Bänderparabraunerden auf den kalkfreien Sandern Schleswig-Holsteins einzuschätzen.

Literatur zu 5.3.1: Diez 1967, 1974.

5.3.2 Altmoränenlandschaft im Ammersee-Gebiet

Zwischen den äußeren Jungendmoränen und den Endmoränen der älteren Eiszeiten, hier der Mindel- und Riß-Glaziale, besteht im Ammersee-Gebiet meist eine geringere Entfernung als zehn Kilometer. Daran schließt sich das nie vergletscherte Gebiet an. Die Altmoränenlandschaft ist im Alpenvorland deutlich schwächer reliefiert als die Jungmoränen. Auf der Abb. 29 sind die Unterschiede schematisch dargestellt. Die Ursachen für das flachere Relief der Altmoränen werden verschieden gedeutet. Einmal wird angeführt, die periglaziale Überformung, vor allem die Abtragung durch Abspülung und Solifluktion, hätte die primär steileren Formen abgeflacht. Zum anderen wird geltend gemacht, die älteren Moränen seien ursprünglich schon flacher gewesen. Daß die periglaziale Abtragung keine allzu großen Ausmaße gehabt haben kann, zeigen die im allgemeinen noch recht gut erhaltenen Böden des letzten Interglazials, die konkordant zur heutigen Oberfläche ausgebildet sind, soweit sie nicht von Löß überlagert werden. In Abb. 29 ist zu erkennen, daß der Löß das ursprüngliche Moränenrelief verflacht, weil er auf den Kuppen nur sehr gering mächtig ist oder sogar völlig fehlt, zu den Mulden hin jedoch größere Mächtigkeiten erreicht und damit den ursprünglichen Höhenunterschied zwischen Kuppe und Muldentiefstem reduziert.

Der Löß ist überwiegend kalkfrei. Zumindest in Gletschernähe wurde er offensichtlich unter relativ feuchten Bedingungen akkumuliert, verschwemmt und dabei entkalkt. Solche Lößlehme, manchmal auch als *Staublehme* bezeichnet, sind sehr dicht gelagert, die auf ihnen entwickelten Böden deshalb staunaß. In etwas größerer Gletscherferne zeichnet sich der Lößlehm aber dadurch aus, daß auf ihm sehr fruchtbare Parabraunerden entwickelt sind, die erst im tieferen Unterboden staunaß werden. Solche Parabraunerden werden seit alters her intensiv als Ackerstandorte genutzt, was dazu führte, daß heute fast überall der tonärmere Oberboden erodiert ist und im tonreichen Unterboden geackert wird. Dieser ist resistenter gegenüber der Bodenerosion, da der Ton infolge der größeren Kohäsion nicht so leicht abgespült wird wie der tonärmere und schluffreichere Oberboden.

Wegen dieser relativen Stagnation der Bodenerosion hat die langjährige Ackernutzung Humus im Ap-Horizont angereichert, so daß oftmals der Eindruck entsteht, es lägen degradierte Schwarzerden vor, bei denen unter dem humosen Ah-Horizont ein humusarmer oder -freier Bt-Horizont entstanden ist. Gelegentlich werden beide Böden wohl auch auf den bayerischen Bodenkarten miteinander verwechselt. Es kann deshalb durchaus eine scheinbare, stark erodierte Parabraunerde, die als *Ackerbraunerde* bezeichnet wird, in Wirklichkeit eine degradierte Schwarzerde sein. Diese Verwechslungsgefahr besteht indessen wohl weniger im ehemals gletschernahen Altmoränengebiet als in den gletscherferneren, im Holozän immer schon trockeneren Gebiet der Donauniederungen, dem *Urstromtal.*

Als Folge der periglazialen Überformung ist auf den Altmoränen ein Dellensystem entstanden, das fast überall ausreichende Vorflut und damit Entwässerung bedingt. Gleye oder gar Moore, die sehr hohe Grundwasserstände zur Voraussetzung haben, kommen selten vor (vgl. Abb. 30). Die Flurabstände des Grundwassers in den Dellen sind außerdem dadurch verringert worden, daß in den

Dellen mächtigere Kolluvien liegen, Bodenmaterial, das infolge der Bodenerosion von den Hängen abgespült wurde. Dem stehen total erodierte Standorte auf den Kuppen gegenüber, wo oft in der kalkhaltigen Altmoräne geackert wird. Die hier ursprünglich ausgebildete mächtige interglaziale Parabraunerde und die in ihr später abgelaufene zusätzliche holozäne Bodenbildung sind vollständig erodiert worden. Auf manchen Kuppen blieben Reste des Bodens erhalten. In Abb. 31 ist im Profilschnitt die Variationsmöglichkeit der heutigen Bodengesellschaft veranschaulicht.

Die geschilderte Bodenvielfalt hat folgende ökologische und ökonomische Konsequenzen: Dort, wo die Altmoräne mit dem größten Teil der interglazialen Bodenbildung die Oberfläche erreicht, liegt ein sehr toniger, kiesiger, schwierig zu beackernder Standort vor. Er tendiert zur Vernässung und späten Erwärmung im Frühjahr. Kommt statt dessen der kalkhaltige Geschiebemergel in den Bereich des Pfluges, so können kalkempfindliche Pflanzen negativ reagieren. Außerdem muß mit der Fixierung von Nährstoffen im kalkigen Substrat gerechnet werden, die zur Unterversorgung der Pflanzen beitragen kann. Während der übrige Boden der zusätzlichen Kalkung bedarf, hat sie hier unbedingt zu unterbleiben. Als weitere ökologische Variante sind die Stellen anzusehen, wo in Kuppenlage Dellen, Kryoturbationstaschen, Eiskeile etc. während der letzten Eiszeit im Altmoränensubstrat entstanden, die später mit Lößlehm gefüllt wurden. In diesem Material sind nur schwächere, weniger tonige Bt-Horizonte entwickelt, so daß deutliche Unterschiede zum letztinterglazialen Boden bestehen.

Auf den Hängen tritt das Altmoränenmaterial wegen der Lößlehmdecke seltener an die Oberfläche. Ausnahmen bilden die in Nord-Süd-Richtung verlaufenden Dellen, bei denen die typische periglaziale Asymmetrie zumindest in Ansätzen zu erkennen ist. Die steileren westexponierten Hänge tragen nur eine dünne Lößlehmdecke oder sind sogar lößfrei, so daß hier die Reste des sehr tonigen letztinterglazialen Bt-Horizontes in die Ackerkrume gerieten, mit den schon oben angeführten negativen Eigenschaften. Die im Lößlehm entwickelten Parabraunerden sind flächenhaft nur noch unter Wald erhalten oder unter den Kolluvien in den Dellen. Die Bt-Horizonte dieser Böden sind bei weitem nicht so tonig

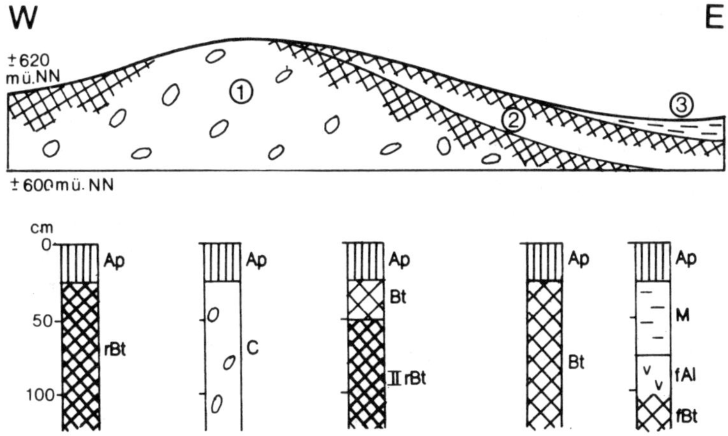

Abb. 31: Bodenfolge auf einer Altmoräne des Ammersee-Gebietes.

1 = Riß-Moräne mit letztinterglazialem Boden: im Westen reliktisch, da von holozäner Bodenbildung miterfaßt, im Osten fossil, da von Würm-Löß überlagert; 2 = Würm-Löß mit holozänem Boden; 3 = Kolluvium.
Die Säulenprofile zeigen von links nach rechts eine stark erodierte Parabraunerde (Ap–rBt), deren Bt-Horizont aus dem letzten Interglazial stammt und die von der holozänen Bodenbildung überprägt worden ist, also reliktischen (r) Charakter besitzt; eine Kulto-Pararendzina (Ap–C), die durch totale anthropogene Bodenerosion entstand. Der reliktische Boden auf der Riß-Moräne wurde völlig abgetragen; eine stark erodierte Parabraunerde (Ap–Bt–IIrBt), die im oberen Teil aus Würm-Löß, im unteren Teil aus dem letztinterglazialen Bt besteht; eine stark erodierte Parabraunerde (Ap–Bt) aus Würm-Löß; eine kolluvial überdeckte Parabraunerde (Ap–M–fAl–fBt) aus Würm-Löß.

und so dicht wie die der interglazialen Böden. Noch günstigere Struktur- und Nährstoffeigenschaften weisen indessen die Kolluvien auf. Sie bestehen überwiegend aus dem schluffigen Lehm der abgetragenen Oberböden und sind kräftig humos. Ihr Nährstoffgehalt ist hoch, weil die durch die Düngung zugeführten Nährstoffe hauptsächlich im Ap-Horizont bleiben und mit diesem abgetragen werden und in die Kolluvien gelangen. Häufig führt die Anreicherung von Nährstoffen zu üppigem Getreidewachstum, so daß im Sommer bei Starkregen Lagergetreide in den Dellen entsteht.

Eine direkte Gefährdung des Grundwassers im Altmoränengebiet ist solange wenig gegeben, wie der Lößlehm, der tonige Interglazialboden und eine Decke von Geschiebemergel kaum oder nur sehr langsam Versickerung der Oberflächenwässer bis in das Grundwasser zulassen. Bei kiesigen Altmoränen muß auf den erodierten Kuppen dagegen mit einer deutlichen Kontamination gerechnet werden. Die abdichtenden Deckschichten reduzieren selbstverständlich die Grundwassererneuerung, wie überhaupt auch hier, ähnlich wie in Norddeutschland, die Altmoräne wegen des stark wechselnden Untergrundes ein wenig ergiebiger Grundwasserspeicher ist.

Bei diesen Überlegungen darf nicht unbeachtet bleiben, daß von der intensiv landwirtschaftlich genutzten Altmoräne Gefahren für das Grundwasser in den benachbarten Terrassenkiesen der Jungmoränenlandschaft ausgehen. Die Dellensysteme der Altmoränen laufen auf die tieferliegenden Terrassenkiese aus. Deshalb setzt sich die Füllung der Dellen mit belastetem Kolluvium auf die Terrassenkiese fort. Dort sind flache Schwemmfächer von Kolluvium ausgebildet, aus dem die Sickerwässer Schadstoffe in den liegenden, durchlässigen Kies und in das in ihm gespeicherte Grundwasser bringen.

Vor den Altmoränen breiten sich die Schotterterrassen aus, die als Sander zu der jeweiligen glazialen Serie gehören. Über den von den Jungendmoränen kommenden Niederterrassen liegt zunächst die Hochterrasse, die von den Riß-Moränen ausgeht. Über ihr folgen mindestens zwei ältere Terrassen, der Untere und der Obere Dekkenschotter, die früher allgemein der Mindel- und der Günz-Eiszeit zugerechnet wurden. Jüngere Forschungsergebnisse liefern ein sehr viel differenzierteres Bild, ohne daß wohl im Augenblick behauptet werden könnte, es herrsche weitgehend Übereinstimmung über die Zahl und stratigraphische Zuordnung der vielen Schotter-Terrassen.

Allen Prä-Würm-Terrassen ist die große Verbreitung von Lößdecken gemeinsam. Im Idealfall müßte das auf der Abb. 32 dargestellte Schema verwirklicht sein: Auf der Hochterrasse, die in die vorletzte (Riß-)Eiszeit gehört, ist auf den kalkhaltigen Schottern ein mächtiger toniger Bt-Horizont entwickelt, der eine zapfenförmige Untergrenze aufweist. Entkalkungstiefen bis zwei Meter sind nicht ungewöhnlich. Über diesem letztinterglazialen Boden liegt Würm-Lößlehm, der die heutige Parabraunerde trägt. Auf der nächst-

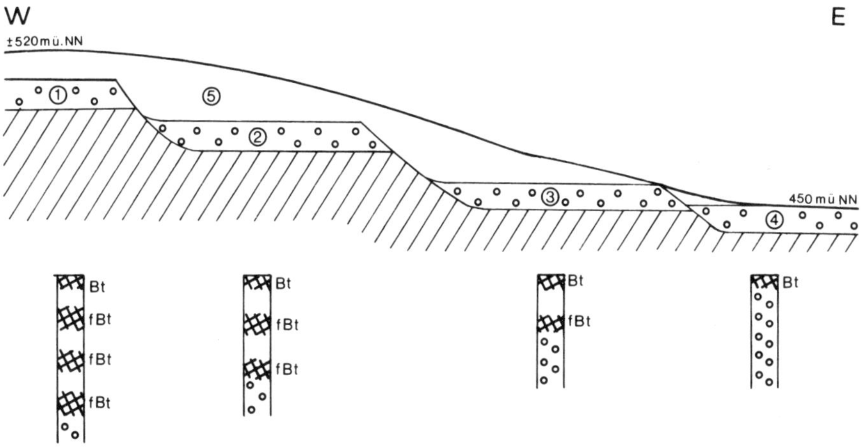

Abb. 32: Terrassen, Lößdecken und fossile Böden im nördlichen Alpenvorland.

1 = Oberer (Älterer) Deckenschotter mit drei hangenden fossilen Bt-Horizonten; 2 = Unterer (Jüngerer) Deckenschotter mit zwei hangenden fossilen Bt-Horizonten; 3 = Hochterrasse mit einem hangenden fossilen Bt-Horizont; 4 = Niederterrasse, größtenteils lößfrei; 5 = Löß.

älteren Terrasse liegt eine Lößlehmdecke, die einen fossilen Bt-Horizont enthält, so daß insgesamt die Reste zweier fossiler Parabraunerden, sogenannte Interglazialböden, auf den Kiesen dieser Terrasse liegen, die demnach in die Mindel-Eiszeit gehören sollte. In der Lößdecke der nächstälteren Terrasse sind dann sogar zwei fossile Bt-Horizonte ausgebildet, insgesamt liegen drei fossile Böden vor, die nach der Ablagerung der Kiese entstanden. Demnach gehören die Kiese in die Günz-Eiszeit. Doch sind so klare Abfolgen, wie sie hier schematisch abgeleitet werden, in der Natur selten gegeben. Manchmal kommen zu viele fossile Bt-Horizonte vor, häufiger zu wenige. Der letzte Fall ist leicht zu erklären, denn oft sind fossile Böden später periglazialer Abtragung anheimgefallen. Wenn „zu viele“ Böden vorkommen, können entweder die liegenden Kiese älter sein als aufgrund der Terrassenabfolge angenommen, oder nicht jeder der Böden entspricht einer echten Warmzeit. Er kann auch unter kälteren Klimabedingungen entstanden sein.

Vielfach sind die Prä-Würm-Terrassenschotter auch frei von Lößdecken, oder ähnlich wie auf den Altmoränen ist stellenweise nur in Rinnen oder Kryoturbationstaschen Lößlehm erhalten geblieben. In solchen Fällen gilt für die Bodenentwicklung das gleiche wie schon bei den Altmoränen ausgeführt. Nur fehlen auf den ebenen Terrassenflächen so starke Schäden durch anthropogene Bodenerosion, daß die kalkhaltigen Schotter an die Oberfläche kommen. Das ändert sich, wenn man in den Bereich periglazialer Dellensysteme gelangt, die auch die älteren Terrassenflächen überziehen. Dann kann die Bodenerosion stellenweise kalkhaltigen Kies freigelegt haben.

Auf den ostexponierten flachen Hängen von asymmetrischen Dellen liegen kalkhaltige Lößdecken mit Parabraunerden an der Oberfläche. Hier ist des öfteren durch die Bodenerosion kalkhaltiger Löß entblößt worden (Abb. 33). Diese Regionen liegen in größerer Entfernung vom würmzeitlichen Gletscherrand und waren vermehrt trockenkaltem Klima während der letzten Eiszeit ausgesetzt, das die Erhaltung kalkhaltigen Lösses infolge der weniger stark wirksamen Verspülung ermöglichte.

Die Lößdecken erschweren den Kiesabbau, der deshalb vorzugsweise auf die steileren westexponierten und deshalb lößfreien oder lößarmen Gegenhänge ausweicht. Mächtige Lößdecken sind dagegen sehr oft der Rohstofflieferant für zahlreiche Ziegeleien. Im Idealfall wird also die eine Seite einer asymmetrischen Delle oder eines Trockentals durch Ziegeleien, die andere durch Kiesgruben genutzt. Als nachteilig für den Kiesabbau bleibt generell noch anzuführen, daß die älteren Kiese im Vergleich zu denen der Niederterrassen meist kräftig mit Kalkausfällungen *(Nagelfluh)* verkittet sind. Diese können stellenweise so massiv werden, daß sie ohne Sprengungen nicht zu zerkleinern sind.

Obwohl die Terrassenflächen von zahlreichen solchen Hohlformen oft recht tief zerschnitten sind, wird relativ selten das Grundwasser erreicht. Nur in den größeren Formen stellen sich perennierende Gerinne ein. Das geschieht dort, wo der undurchlässige Untergrund der Kiese nahe an die Oberfläche kommt. Es handelt sich dabei überwiegend um tertiäre Sedimente *(Molasse)*. An solchen Stellen haben sich auch vielfach Moore gebildet (Riede und

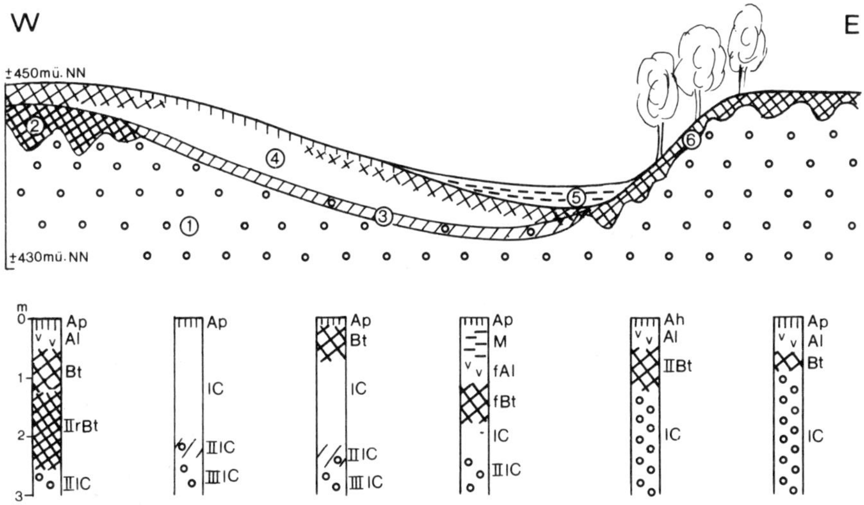

Abb. 33: Querschnitt durch eine asymmetrische Delle auf einer Hochterrasse im nördlichen Alpenvorland.

1 = Hochterrassen-Schotter; 2 = letztinterglazialer Boden; 3 = Solifluktionsschutt; 4 = Würm-Löß mit unterschiedlich erodierter Parabraunerde; 5 = Kolluvium; 6 = holozäne Parabraunerde aus Hochterrassenschotter.
Auf der Schotterfläche im Westen der Delle ist eine Parabraunerde entwikkelt, die Reste des letztinterglazialen Bodens (rBt) enthält. Auf der sich nach Osten anschließenden Lößdecke wurde stellenweise die holozäne Parabraunerde erodiert, so daß eine Kulto-Pararendzina (zweites Profil von links) oder nur noch Reste des Bt-Horizontes (drittes Profil von links) vorliegen. Im Dellentiefsten ist Kolluvium über der Parabraunerde akkumuliert worden. Auf dem steilen westexponierten Hang liegt eine Parabraunerde aus Schutt über Schotter. Das östlichste Profil zeigt eine Parabraunerde aus Schotter ohne Reste des interglazialen Bodens.

Moose). Ausschlaggebend für die Zerschneidung der Schotterterrassen war, daß das Periglazialklima immer wieder mit Permafrost-Perioden verbunden gewesen ist. Das Oberflächenwasser konnte deshalb nicht in dem Maße wie heute im Kies versickern, sondern floß an der Oberfläche ab.

Literatur zu 5.3.2: Diez 1967, 1974.

6. VULKANISCHE LANDSCHAFTEN

Unter vulkanischen Landschaften werden hier Landschaften verstanden, in denen durch Vulkanismus gebildete Formen dominieren. Der Vulkanismus baut unmittelbar Formen auf, indem er Magma, Tuffe und Aschen an oder in die Nähe der Erdoberfläche fördert. Der Vulkanismus unterscheidet sich dadurch vom Plutonismus, bei dem das Magma in größerer Tiefe erstarrt. Entsprechend dem unterschiedlichen Basengehalt der Tiefengesteine (Gabbro, Diorit, Granit) gibt es auch Vulkangesteine, die von stark basisch (Basalte) über intermediär (Andesite) zu sauer (Trachyte) variieren. Die Laven, also das Gestein, das im geschmolzenen Zustand an die Oberfläche gelangt, werden desto zähflüssiger, je saurer sie sind. Die steilsten Vulkankegel sind deshalb in der Regel bei den sauren Ergußgesteinen zu finden. Ansonsten bilden reine Lavavulkane meist flache *Schildvulkane* im Unterschied zu den steileren *Schichtvulkanen* (Stratovulkanen), in denen Lagen von Lava mit Aschen und Tuffen (verfestigte Asche) wechseln. Vulkane können, wie etwa der Ätna, riesige Dimensionen erreichen und auf ihren Flanken zahlreiche Sekundärkrater tragen. Auch die Krater sind von sehr verschiedener Größe. So hat der Ngorongoro-Krater in Tansania einen fast 22 Kilometer großen Durchmesser.

Die Vulkane sind vorzugsweise an tektonische Störungen gebunden, an denen das Magma aufsteigen kann. Die rezente Vulkantätigkeit konzentriert sich auf die Grenzen tektonischer Platten, einmal auf Subduktionszonen, wo also die ozeanischen Platten unter die kontinentalen geschoben werden, zum anderen auf die mittelozeanischen Rücken, wo aus der Tiefe aufsteigendes Magma die Platten spaltet (sea floor spreading) und auseinanderdrängt. Beispiele für den Vulkanismus an Subduktionszonen sind die Andenvulkane in Südamerika oder die Vulkane des japanischen Inselbogens. Als Beispiel für den Vulkanismus an mittelozeanischen

Rücken sei Island angeführt. Der letztgenannte Typ des Vulkanismus muß nicht immer submarin sein. So wird zum Beipiel angenommen, daß im afrikanischen Grabensystem eine Plattentrennung einsetzt, in deren Folge erst ein neuer Ozean entsteht. Das Ganze ist mit kräftigem Vulkanismus verbunden. Am Beispiel der Afarsenke am Nordrand des afrikanischen Grabensystems werden nachfolgend die Auswirkungen dieser Vorgänge auf die Landschaft erörtert, wobei offenbleiben muß, ob die Hypothese von der Entstehung eines neuen Ozeans wirklich zutrifft.

Literatur zu 6: TAZIEFF 1974; SCHÖNENBERG 1975; LOUIS und FISCHER 1979.

6.1 Afarsenke in Nordost-Afrika

Die Afarsenke liegt am Nordende des Ostafrikanischen Grabens, dessen einer Ast sich von hier aus in den Rote-Meer-Graben nach Nordwesten fortsetzt, während der andere nach Nordosten in den Golf von Aden abbiegt. Dem geologischen Profil (Abb. 34) folgend ist anzunehmen, daß im Tertiär der Grabeneinbruch noch nicht bestanden hat. Die tertiären Basaltdecken *(Trapps)*, die in riesiger Ausdehnung das äthiopische Hochland beiderseits des Grabens bedecken, sind in den Graben miteingebrochen. Auch das Liegende dieser Decken, mesozoische Kalk- und Sandsteine, die dem kristallinen Sockel aufliegen, findet man im Graben in gleicher Mächtigkeit wie außerhalb. Im Quartär begann dann neue Vulkan-Tätigkeit, die bis heute andauert. Es breiteten sich Lavadecken über mehr als 400 Kilometer Distanz aus. Zwischen den Lavadecken liegen immer wieder Sedimente, die die Flüsse vom mehrere 1000 Meter höher liegenden benachbarten Hochland in die Senke hineinschütteten. Stellenweise entstanden Seen mit entsprechenden limnischen Akkumulationen. Es gibt viele Süßwasserseen, der größte ist der Endsee des Awash. Die Flüsse sind in diesem ariden Gebiet, das Halbwüste, teilweise auch Wüste ist, endorhëisch, sie erreichen nicht das Meer. Die Endseen liegen teilweise wegen der tektonischen Absenkung unter dem Meeresspiegel. Ein Teil der Senke stand früher mit dem

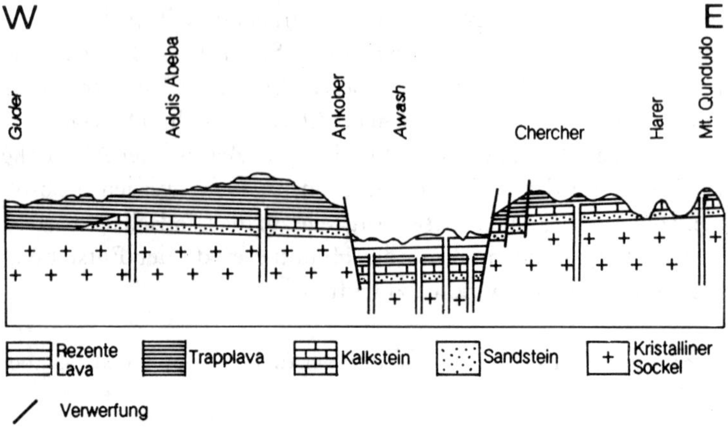

Abb. 34: Geologisches Profil durch die Afarsenke (Äthiopien) (Ausschnitt aus einer Darstellung bei Wolde-Mariam, M. (1970): An Atlas of Ethiopia. 84 S., Addis Abeba).

Roten Meer in Verbindung. Seine salzigen Restwässer dienen heute der Salzgewinnung.

Die jungen Lavadecken wurden und werden immer wieder tektonisch verstellt. Über weite Strecken sind regelrechte Pultschollen-Folgen entwickelt (Abb. 35).

Entlang der Spalten bildeten sich mancherorts länglich gestreckte Vulkankegel, die teilweise noch aktiv sind. In Explosionskratern trifft man neben Süßwasserseen auch Lavaseen an, in denen die Gesteinsschmelze brodelt. Noch häufiger sind Heißwasser-Fontänen (Geysire) zu finden (Abb. 36).

Die Vulkane förderten Aschen, die oft die Geländekanten der einzelnen Schollen verdecken. Das gleiche gilt für Sande und Kiese, die von Gerinnen in die Senke geschwemmt wurden. Sande können auch vom Wind aufgenommen werden und die Untergrundstrukturen verschleiern, insbesondere dann, wenn sich eine Dünenlandschaft einstellt. Erst das nächste größere Erdbeben – diese sind hier die Regel – legt die Schollengrenzen wieder frei.

Die Afar-Senke („Danakilwüste") wurde bis in die jüngste Vergangenheit nur von Nomaden mit Ziegen- und Schafherden ge-

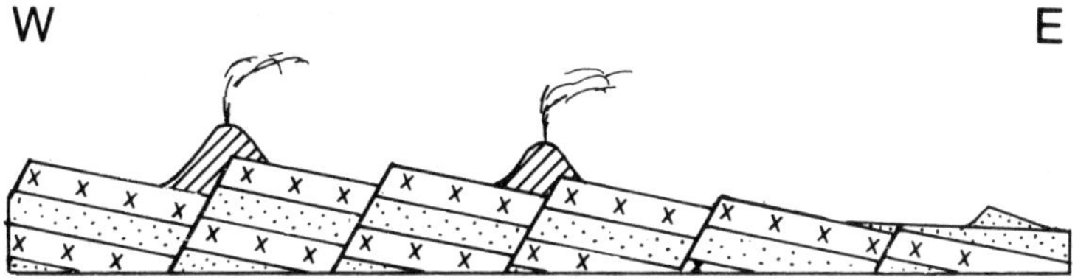

Abb. 35: Pultschollen-Relief in der Afarsenke mit Vulkanen und Düne (im Osten).

nutzt. Neuerdings wurden Baumwollplantagen angelegt. Diese nutzen die Süßwasser, die aus dem benachbarten Hochland kommen. Durch Erdbeben entstanden große Schäden an den Bewässerungsanlagen, ebenso an Verkehrswegen. An Hängen bildeten sich mächtige Schutthalden. Pläne, die heißen Wässer der Geysire für die Energiegewinnung zu nutzen, ein in anderen Ländern (Island, Italien) praktiziertes Verfahren, wurden wieder aufgegeben, da ein potentieller Abnehmerkreis fehlte.

Die vulkanischen Ausbrüche sind nicht im gesamten Quartär und in der ganzen Afarsenke erfolgt. Es hat Zeiten gegeben, in denen auf den Basaltdecken, auf Tuffen und auf fluvialen Sedimenten kräftige Böden entstanden. Zu dieser Zeit muß ein wesentlich feuchteres Klima geherrscht haben, denn das heutige Klima führt nur zu physikalischen Kornzerkleinerungen, es bilden sich deshalb nur die typischen *Wüstenböden* wie Hamada (Blockwüse), Serir (Kieswüste) und Erg (Sandwüste).

In Abb. 37 ist dargestellt, wie ein Rotlehm mit mächtigem Gesteinszersatz auf Basalt liegt, der später von einer jungen Basaltdecke überfahren wurde. Auf dieser bildete sich eine Hamada. Die Basaltdecke ist in flachen Muldentälern ausgeräumt worden, mit ihr der fossile Rotlehm. Reste dieses Bodens sind auf den Flanken der Muldentäler erhalten geblieben. Auf den Rotlehmresten liegen Blöcke, die nicht transportierbaren Residuen der ehemaligen hangenden Basaltdecke. Außerdem ist als Folge der rezenten Aridität ein Salzhorizont an der Oberfläche des Rotlehms entstanden. Weiter hangabwärts fehlt der Rotlehm und der unter ihm liegende Gesteinszersatz tritt zutage. Der tiefste Teil des Muldentals wird

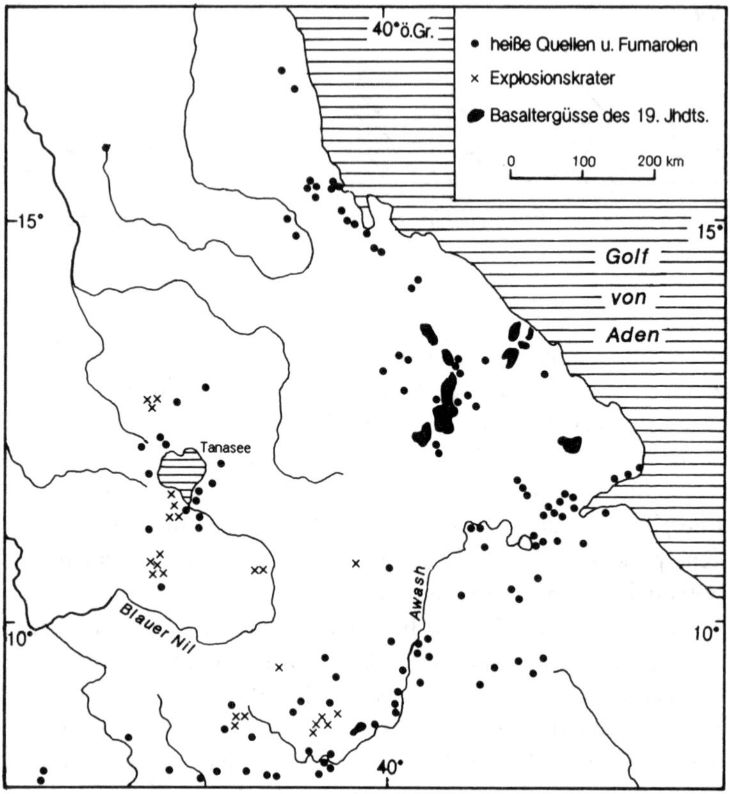

Abb. 36: Verbreitung vulkanischer Erscheinungen in der Afarsenke und Umgebung (nach MOHR 1971).

von einem dunklen Tonboden (Vertisol) eingenommen, unter dem in weniger als zwei Meter Tiefe der unverwitterte ältere Basalt ansteht. Er ist stellenweise von jung angespültem Sand überdeckt.

Der Vertisol darf aufgrund von ^{14}C-Datierungen als alt- bis mittelholozän angesehen werden. In dieser Zeit herrschte offensichtlich in vielen Gebieten des heute ariden Nordafrikas ein wesentlich feuchteres Klima. Der Rotlehm ist sicher älter als 10 000 Jahre und somit pleistozän. Er besitzt alle Eigenschaften der typischen Basaltrotlehme des äthiopischen Hochlandes. Er ist also sauer, relativ

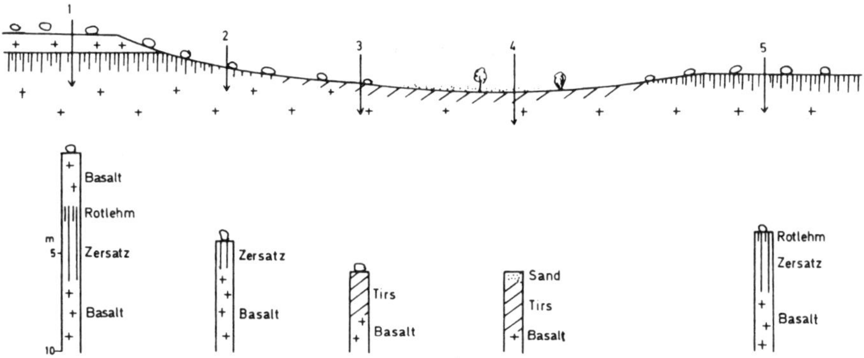

Abb. 37: Relief, Gestein und Boden in der Afarsenke.

1 = Blockhamada aus jüngerer Basaltdecke, die einen Rotlehm überflossen hat; 2 = Blockhamada auf Relikten von älterem Basaltersatz; 3 = Blockhamada über reliktischem Vertisol, Tirs (dunkler Tonboden) aus älterem Basalt; 4 = Sanddecke (Erg) über fossilem Vertisol; 5 = Blockhamada auf Relikten von Rotlehm.

basenarm, enthält keine leicht verwitterbaren Minerale mehr. Seine hohe Tonkomponente besteht hauptsächlich aus Kaolinit. Diese Aussagen gelten indessen nicht für die obersten 50 Zentimeter des Bodens, die unmittelbar unter dem hangenden Basalt liegen. Hier hat die Basaltschmelze kräftige *Frittung* (Kontaktmetamorphose) und somit ein Schmelzen oder zumindest Anschmelzen des Bodensubstrats hervorgerufen, das mit deutlichen Stoffveränderungen (Metamorphose) verbunden war. Der Boden wurde dadurch verfestigt, es entstanden neue Minerale. So ist beispielsweise der Kaolinit verschwunden und durch Basenzufuhr Montmorillonit entstanden.

Die alten Böden werden nicht nur von Basalt überdeckt, vielmehr sind sie oft auch von jüngeren Kiesen (Serir) und Sanden (Erg) verschüttet worden. In diesen Fällen handelt es sich demnach um echte fossile (begrabene) Böden. Liegen die alten Böden ohne Überdekkung an der heutigen Oberfläche, so bezeichnet man sie als Reliktböden. Ihr Vorkommen in weitgehend flachem Relief eignet sich gut für Bewässerungsanbau, insbesondere wenn dieser wenig durchlässige Böden verlangt. Die Kulturen sind jedoch durch äolische oder fluviale Übersandung gefährdet. Letztere erfolgt bei den sehr seltenen, dann aber sehr kräftigen Niederschlägen vor allem in den Tiefenlinien der Muldentäler, die ein großes Einzugsgebiet haben. Außerdem ist selbstverständlich die Versalzungsgefahr zu beachten, sind doch als natürliche Salzböden Solontschake (Böden mit Salzkruste an der Oberfläche) und Soloneze (Böden mit natriumreichem Oberboden) bereits weit verbreitet.

Literatur zu 6.1: Mohr 1971; Wolde-Mariam 1972; Illies 1974; Semmel 1983.

6.2 Das Neuwieder Becken

Ähnlich wie die Afarsenke ist auch das Neuwieder Becken eine Landschaft, die vom Vulkanismus geprägt wurde und wird. Das Präsens ist hier allerdings so zu verstehen, daß erloschener Vulkanismus zwar auch heute noch das prägende Element der Landschaft ist, jedoch im Unterschied zur Afarsenke sich kein rezenter Vulkanismus bemerkbar macht. Die Gefahr, Vulkane könnten in naher Zukunft erneut ausbrechen und zum Beispiel im Atomkraftwerk Mühlheim-Kärlich Radioaktivität freisetzen, läßt sich zwar gegenwärtig medienwirksam verkaufen, ist tatsächlich wohl aber gering zu veranschlagen angesichts der Tatsache, daß der letzte Ausbruch (Laacher See) vor 11000 Jahren stattfand. Das Neuwieder Becken anzuführen erscheint opportun, weil es sehr unterschiedliche Formen des Vulkanismus zeigt, die vielfach wegen des geringen Alters noch ausgezeichnet erhalten sind und weil die Nutzung von vulkanischem Gestein in den letzten Jahrzehnten die ursprüngliche Landschaft radikal verändert hat.

Auch der Vulkanismus des Neuwieder Beckens ist eng mit tektonischen Störungen verbunden. Die Absenkung begann schon im älteren Tertiär. Im Tertiär setzte gleichfalls der Vulkanismus ein. Die Abb. 38 zeigt die Lage von tektonischen Störungen und die Verbreitung der vulkanischen Gesteine. Im Senkungsgebiet wechseln diese wiederholt mit Sedimenten des Rheins und der Mosel sowie mit Lössen und fossilen Böden. Allein auf den Kiesen einer altpleisto-

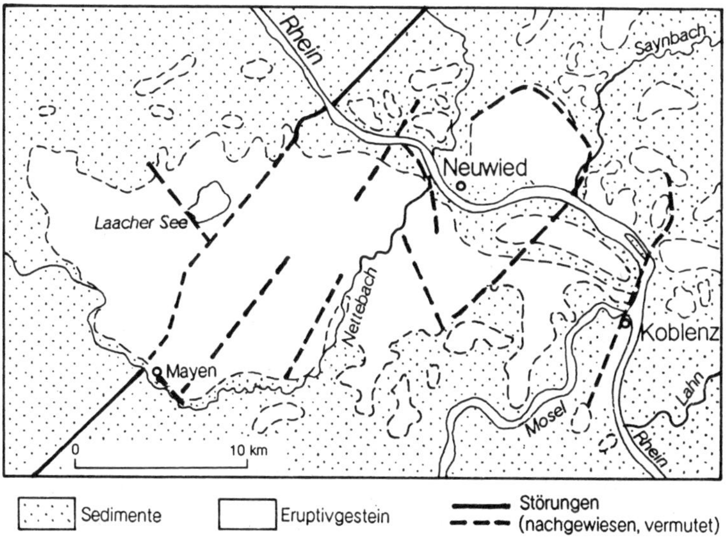

Abb. 38: Tektonische Störungen und vulkanische Gesteine im Neuwieder Becken (nach Geol. Kte. von Rheinland-Pfalz 1 : 500 000).

zänen Hauptterrasse des Rheins in der Tongrube Kärlich liegen wahrscheinlich die Reste von sieben bis acht Kalt-Warmzeitzyklen, in die auch ähnlich viele Tuffe eingeschaltet sind. Es handelt sich dabei sowohl um sogenannte „Fremdtuffe", deren Eruptionsort nicht hier zu suchen ist, als auch um Tuffe, die lokalen Vulkanschloten entstammen. An der heutigen Oberfläche macht sich dieser Vulkanismus allerdings nicht bemerkbar. Die pleistozänen Vulkanschlote sind komplett mit jüngerem Lößausgefüllt. Auf diesem liegt wiederum ein Tuff, der Laacher Bimstuff, ein Trachyttuff, der aus dem Laacher See stammt. Bei diesem Vulkan erfolgten explosionsartige Förderungen, die bei der sauren, zähflüssigen trachytischen Lava häufig eintreten, in der sich hoher Gasdruck einstellt. Die dabei entstehenden kessel- und trichterförmigen Gebilde nennt man *Maare*. Es wird angenommen, daß die Maarbildungen mit dem Kontakt von Grundwasser und Magma zusammenhängen, wodurch besonders kräftige Explosionen ausgelöst worden sein können. Sie besitzen oft keinen typischen Kraterwall und unter-

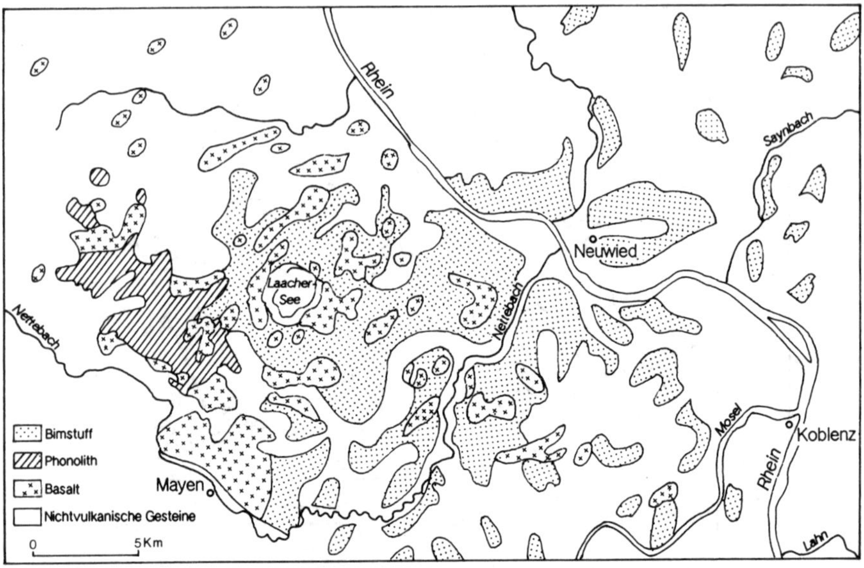

Abb. 39: Verbreitung des Laacher Bimstuffes und anderer Vulkane im Neuwieder Becken (nach Bodenkarte von Rheinland-Pfalz 1:250000).

scheiden sich dadurch von den Calderen auf Vulkankegeln, die durch Einsturz oder ebenfalls durch Explosion entstehen.

Die Tuffe der Laacher Ausbrüche, die in die Schlußphase der letzten Eiszeit fallen, sind weit über Mitteleuropa verbreitet. Reste von ihnen wurden noch in Schweden gefunden. Das Neuwieder Becken ist fast geschlossen von einer manchmal mehrere Meter mächtigen Bimstuffschicht bedeckt (Abb. 39). Da der Ausbruch in einer schon etwas wärmeren Zeit, dem Alleröd-Interstadial erfolgte, fiel der Tuff in eine mit schütterem Nadelwald bestandene Landschaft, auf deren Lössen bereits ein Boden entwickelt war. Von dem Tuff wurden ältere, meist basaltische Vulkanbauten überdeckt, die als Kegel mit einem Krater die Landschaft überragten. Sie wurden – wohl wegen ihrer Schutzlage – schon früh von Menschen bewohnt, die das Wasser der häufig vorhandenen Kraterseen nutzten. Die Wohnplätze lagen auf den südexponierten, der Sonne zugewandten Innenseiten der Krater. Aus manchen der Krater ist

Lava ausgeflossen, die die damals schon vorhandenen Täler teilweise füllte.

Die vulkanischen Gesteine, vor allem der lockere, leichte Bims, sind ein sehr gesuchter Rohstoff für Bausteine geworden. Als Folge davon findet man heute im Neuwieder Becken kaum eine größere Fläche, die noch die natürliche Höhenlage und den dazugehörenden Boden aufweist. Fast überall wurde bis auf die Tuffbasis „ausgebimst“, so daß heute die nachfolgende Ackernutzung überwiegend im ehemals fossilen, nunmehr reliktischen Lößboden des Alleröd-Interstadials erfolgt. Noch auffälliger verändert sich das Landschaftsbild durch den Abbau der Vulkankegel. In Kürze wird beispielsweise der Plaidter Hummerich, einstmals wahrlich ein Prachtstück eines Vulkankegels, verschwunden sein, einige Zeit später auch die Erinnerung an ihn.

Literatur zu 6.2: Fuchs u.a. 1983; v. d. Bogaard und Schmincke 1988; Bibus 1989.

6.3 Vogelsberg und Wetterau

Auch ohne menschlichen Einfluß verändern sich die Landschaften und natürlich auch die Vulkane. Je älter sie sind, oder besser, je länger sie sich in Ruhe befinden, desto gründlicher hat die Abtragung gearbeitet und sie oft bis zur Unkenntlichkeit überformt. Als Beispiel seien hier Vogelsberg und Wetterau angeführt. Sie stellen zugleich zwei verschiedene Typen von Vulkanlandschaften dar. Beim Vogelsberg handelt es sich um eine massive, recht geschlossen wirkende Erhebung, die von ferne den Eindruck eines riesigen Schildvulkans macht. Die Wetterau dagegen ist eine tiefliegende Grabensenke, die Fortsetzung des Oberrheingrabens. Dennoch spielt der Vulkanismus auch in der Wetterau eine beträchtliche Rolle. Andererseits gehört der größte Teil des Vogelsbergs, zumal seine westlichen Bereiche, ebenfalls zur Fortsetzung des Oberrheingrabens (vgl. Abb. 40). Dort liegen sogar die größten Grabentiefen. Erst im jüngeren Tertiär kehrte sich das Bild um. Nunmehr begann der Bereich der heutigen Wetterau stärker abzusinken. Vorher

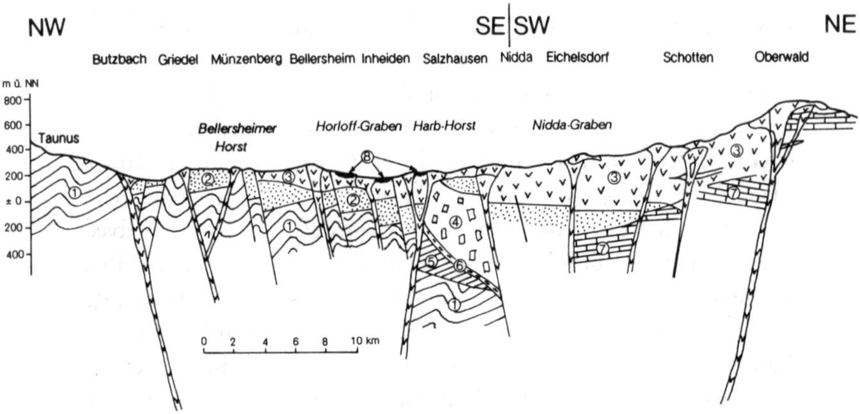

Abb. 40: Geologisches Querprofil durch Wetterau und Vogelsberg (vereinfacht nach SCHENK 1974).

1 = Devon; 2 = tertiäre Sande; 3 = Basalt; 4 = Phonolith; 5 = Rotliegendes; 6 = Tuff; 7 = Buntsandstein; 8 = Braunkohlen.

waren auf den über zahlreiche Förderschlote aufgedrungenen Basalten, die sich deckenförmig ausbreiteten, sowohl im Vogelsberg als auch in der Wetterau unter tropoiden Verwitterungsbedingungen Rotlehme, zum Teil auch Laterite entstanden. In dieser Zeit bildeten sich immer wieder flächenhafte Formen (Rumpfflächen), die die meisten Vulkanbauten einebneten. Im Vogelsberg dominierte postbasaltisch die Abtragung, in der Wetterau die Sedimentation.

Der letzte Satz gilt allerdings nicht uneingeschränkt. In der Wetterau kam es zu Schollendifferenzierungen. Ein Teil der Schollen wurde kräftiger abgesenkt als der andere, der manchmal sogar gehoben worden sein mag. Es bildeten sich also Gräben und Horste. Auf den Horsten ist heute noch der Basalt der oberflächennahe Untergrund, während in den Gräben Sande und Tone abgelagert wurden und stellenweise abbauwürdige Braunkohlenlager entstanden. In den Kaltzeiten des Pleistozän wurden Terrassenschotter und mächtige Lösse akkumuliert. Der Gesamtaufbau läßt sich mit Hilfe der Profile auf Abb. 41 eingehender erläutern.

Im Westen beginnt die Abfolge auf dem Plateau des Bellersheimer Horstes (TK 25, Blatt 5519 Hungen). Auf dem in etwas über 200

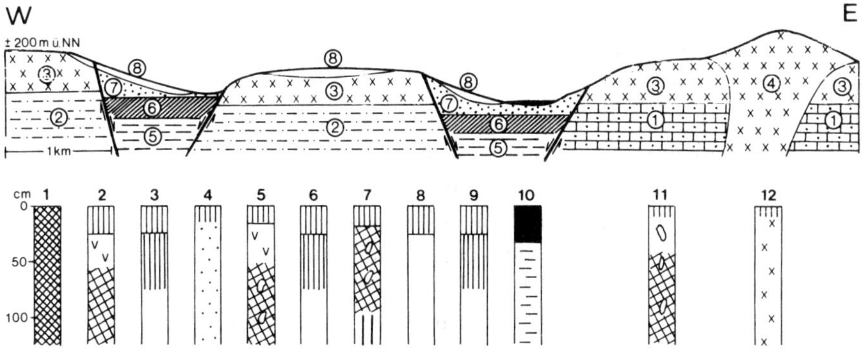

Abb. 41: Relief, Gestein und Boden in der Wetterau und im Vogelsberg.

Im oberen Profilschnitt bedeuten: 1 = Buntsandstein; 2 = präbasaltische tertiäre Sedimente; 3 = Basaltdecken; 4 = Basaltstiel; 5 = postbasaltische tertiäre Sedimente; 6 = jungtertiäre Braunkohle; 7 = fluviale pleistozäne Sedimente; 8 = Löß; 9 = Auenlehm.
Die Bodenprofilsäulen bedeuten: 1 = reliktischer Rotlehm aus Basalt; 2 = Parabraunerde aus Löß; 3 = Schwarzerde aus Löß; 4 = Gley aus Kolluviallehm; 5 = Parabraunerde aus Basaltschutt; 6 = Schwarzerde aus Löß; 7 = stark erodierte Parabraunerde aus Basaltschutt; 8 = Kulto-Pararendzina aus Löß; 9 = Schwarzerde aus Löß; 10 = Anmoor aus Auenlehm; 11 = Parabraunerde aus Basaltschutt; 12 = Ranker aus Basalt.

Meter Meereshöhe liegenden Flächenrest findet man in zentralen Lagen Lateritreste und Rotlehme (Latosole) über mächtigem Basaltzersatz. In Mulden und Dellen liegen darüber Lößlehme mit Parabraunerden. An den Kanten des Plateaus kommt der unverwitterte Basalt dicht an die Oberfläche. Die Böden werden überwiegend forstwirtschaftlich (Laubmischwald) genutzt.

Nach Osten fällt das Gelände auf weniger als 160 Meter Meereshöhe ab. Hier ist in typischer Leelage mächtiger Löß akkumuliert worden, der fruchtbare Parabraunerden trägt. Ackerbau dominiert, und die damit verbundene Bodenerosion hat partiell das gesamte Solum abgetragen, so daß im kalkhaltigen Löß (Pararendzinen) geackert wird. Der Geländeabfall und die damit verknüpfte Lößakkumulation sind eine Folge der Verwerfung, die den Bellersheimer Horst im Westen vom Horloff-Graben im Osten trennt.

In der Grabenregion selbst kann zwischen einem West- und einem Ost-Ast unterschieden werden, die beide durch einen kleinen Horst getrennt werden, der nur wenige Meter gegenüber dem westlichen Graben ansteigt, aber deutlicher gegenüber dem östlichen mit der heutigen Horloff und ihrer Aue. Im westlichen Graben liegt zwar auch eine Lößdecke wie auf dem Hang westlich davon, jedoch wird die Parabraunerde von Schwarzerden oder deren Degradationsstufen (Parabraunerde-Tschernosem) abgelöst. Hier ist die Entkalkungs- und die Verlehmungs-Intensität wegen des sehr geringen Niederschlags (weniger als 600 mm pro Jahr) deutlich geringer. Zur Zeit des holozänen Klimaoptimums vor ca. 6000 Jahren waren hier sogenannte Steppen-Schwarzerden entstanden, die mit dem Einsetzen der späteren Klimaverschlechterung (kühler und feuchter) degradierten. In das Solum der Böden ist des öfteren Laacher Bimstuff eingemischt. Unter den holozänen Böden folgen mächtige Lößdecken, die mehrere fossile Bt-Horizonte und schwächere Tufflagen enthalten. Die Eruptionszentren sind im Neuwieder Becken und der benachbarten Vulkan-Eifel zu vermuten. Die Basis der Lößdecke bilden pleistozäne Kiese, unter denen pliozäne Tone und Braunkohlen folgen. Die Deckschichten sind oft durch riesige kryoturbate Aufpressungen der Braunkohlen gestört. Die Braunkohlen werden in großen Tagebauen für die Energieerzeugung abgebaut. Deshalb mußte das Grundwasser im gesamten Gebiet um viele Meter abgesenkt werden, so daß den Feuchtstandorten die Existenzgrundlage entzogen wurde. Unter der Braunkohle und ihrem tonigen Liegend-Sediment folgt der Basalt.

Im Bereich des nach Osten anschließenden schwachen Horstes erreicht der Basalt dagegen die Oberfläche. Das ist bereits am westexponierten steileren Hang des asymmetrischen Tales zu erkennen, das den Horst nach Westen begrenzt (vgl. Abb. 41). Während auf seinem flachen ostexponierten Hang durchgehend degradierte Schwarzerden aus Löß zu finden sind, die am Unterhang in Gley-Schwarzerden und schließlich in Gleye übergehen, beginnt am Gegenhang bereits dicht über dem Talboden ein Boden, in dem unter einer geringmächtigen Lößauflage oder unter Kolluviallehm solifluidal umgelagertes Lateritmaterial liegt. Auch dieses ist unter dem Einfluß des Grundwassers vergleyt. Die kräftige Rotfärbung des

Lateritmaterials ist von vielen rostbraunen Tupfen durchsetzt, die erst durch die junge Vergleyung entstanden (Konkretionen von Eisen). Wie schon betont wurde, ist das Grundwasser aber durch den benachbarten Tagebau gegenwärtig abgesenkt. Am höheren Hang des Horstes steht der unverlagerte Basaltersatz an. In der Regel wird er von steinigem Lößlehm überlagert, in dem Parabraunerden ausgebildet sind. In flachen Dellen, die die Oberfläche des Horstes gliedern, liegt auch kalkhaltiger Löß, auf dem *Schwarzerden* und deren Degradationsformen vorherrschen.

Es kommen somit auf dem Horst sehr unterschiedliche Böden vor, einmal der basenarme, sehr stark saure, stark tonige, dichtgelagerte, flachgründige Latosol oder Laterit, die für Ackernutzung wesentlich günstigere basenhaltigere und tiefgründigere Parabraunerde aus steinigem Lößlehm und die durch hervorragende Ertragsfähigkeit ausgezeichneten Schwarzerden. Das tatsächliche Bodenmosaik wird aber noch viel komplizierter, wenn die durch die anthropogene Bodenerosion hinzukommenden Böden, etwa die alkalische Pararendzina aus Löß, berücksichtigt werden. Die Ackernutzung homogenisiert jedoch auch wieder, denn durch die intensive Düngung werden die natürlichen Unterschiede im Basengehalt und im pH-Wert weitgehend ausgeglichen.

Die Ostbegrenzung des schwachen Horstes ist sehr viel flacher als die Westbegrenzung ausgebildet. Die zur Horloff-Aue abfallenden Hänge tragen wegen ihrer Leelage eine mächtige Lößdecke mit Schwarzerdeböden. Diese sind an vielen Stellen erodiert und durch Pararendzinen ersetzt. Die genaue Abgrenzung zur Horloff-Aue fällt schwer, da im Grenzbereich das Bodenmaterial großflächig als Kolluvium sedimentiert wurde, das hangoberhalb durch die Bodenerosion abgetragen wurde. Gerade solche langgestreckten Hänge mit großen Einzugsgebieten und relativ wenig durchlässigen und schluffreichen Böden sind bei Beackerung sehr stark der Abspülung ausgesetzt.

Die Horloff-Aue liegt im Zentrum des gleichnamigen Grabens. Kräftige Absenkung ist die Ursache für einen sehr hohen Grundwasserstand – solange er nicht künstlich abgesenkt wird – und für die Entwicklung von Anmooren und Niedermooren. Auch diese sind großenteils von Kolluvien der Bodenerosion überspült. Dazu kommen mächtige Auenlehme, die Hochflutsedimente der Wasserläufe in den Auen. Bei ihnen handelt es sich ebenfalls um Sedimente der Bodenerosion. Diese haben hier teilweise schon neolithisches Alter, sind also bis zu 6000 Jahre alt. Zu dieser Zeit begann in der Wetterau der Ackerbau.

Der Braunkohleabbau konzentriert sich auf den westlichen Teil des Grabens, der außerhalb der Horloff-Aue liegt. Die Grundwasserabsenkung in diesem Gebiet und im gesamten Horloff-Graben ist jedoch nicht nur auf den Braunkohleabbau zurückzuführen. Ganz erheblichen Anteil hat daran auch die intensive Trinkwasserentnahme, die vor allem die sehr großen Wassermengen im klüftigen und deshalb über sehr viel Speicherraum verfügenden Basalt nutzt. Viele Gebäudeschäden sollen auf Bodenbewegungen zurückzuführen sein, die der Grundwasserabsenkung folgten. Bekanntlich neigen insbesondere hohlraumreiche Torfe zu Sackungen, wenn ihnen Wasser entzogen wird. An einigen Stellen kam es erst zu deutlichen Bodenabsenkungen, nachdem der Grundwasserspiegel wieder angestiegen war. Es wird angenommen, daß dabei das Torfgefüge zusammenbrach.

Mit dem früheren Vulkanismus dieses Gebietes sind auch manche der Heilquellen, etwa die CO_2-haltigen Säuerlinge, verbunden. Hauptsächlich auf den Verwerfungen unter der Horloff-Aue steigen auch Wässer auf, die unter hydrostatischem Druck des höhergelegenen Grundwassers im Vogelsberg stehen.

Der Vogelsberg beginnt praktisch am Ostrand der Horloff-Aue, der zugleich die Ostgrenze des Horloff-Grabens markiert. Östlich dieser Grenze setzt eine Landschaft ein, die durch zahlreiche Kuppen gekennzeichnet ist, auf denen Wald dominiert. Der Untergrund besteht fast ausschließlich aus Basalt oder Tuffen. Die typischen Sedimente des Horloff-Grabens, vor allem die Braunkohlen, fehlen. Bei den basaltischen Kuppen handelt es sich nicht etwa um Vulkankegel, sondern vielmehr um herauspräparierte Basaltstiele, Förderschlote, die wegen ihrer größeren morphologischen Härte nicht so stark wie ihre Umgebung abgetragen wurden. Solche Stiele sind senkrecht geklüftet und sehr gut durchlässig. Oft kommen auch Kuppen mit sogenannter Meilerstellung vor. Der Basalt ist in solchen Fällen säulig gegliedert, ähnlich der Anordnung von Baumstämmen in einem Kohlenmeiler. Kuppen mit diesem Aufbau sind besonders für den Abbau geeignet. In ihnen findet man deshalb viele Steinbrüche. Im Gegensatz dazu konzentriert sich der Abbau von lateritischen Eisenerzen, der hauptsächlich in den randlichen Flächensystemen des Vogelsberges betrieben wurde, auf ebeneren Geländepartien. Diese stellen Reste tertiärer Rumpfflächen mit entsprechend intensiver Verwitterung dar. Bei der häufig anzutreffenden Nachfolgenutzung der Steinbrüche und der Erzgruben als Deponien muß beachtet werden, daß insbesondere im durchlässigen Basalt das Grundwasser gefährdet ist. Prinzipiell gilt das auch für die Erzgruben, die nicht bis auf den unverwitterten Basalt reichen. Der Basaltzersatz ist wasserwegsam und selbst der Lateritpanzer zeichnet sich oft durch viele Hohlräume, ja sogar durch Höhlensysteme aus, wie schon bei der Schilderung der Lateritdecken aus Westafrika ausgeführt wurde.

Die landwirtschaftliche Nutzung im Vogelsberg wird in den tieferen, klimatisch noch günstigen Lagen durch die Lateritreste nicht allzu stark benachteiligt. Normalerweise liegt über diesen eine Lößlehmdecke, in der Parabraunerden mit mittlerem Basengehalt und oft tiefer Gründigkeit entwickelt sind. Nur in ebenen Lagen und wenn toniger, dichter Rotlehm oder Basaltzersatz in Oberflächennähe gerät, stellt sich Staunässe ein. Die Böden auf den Hängen der Basaltkuppen sind überwiegend sehr flachgründig und deswegen auch keine guten Waldstandorte. Für den Ackerbau kommen sie wegen der Neigung, starkem Steingehalt und deshalb beschränkten Maschineneinsatzes kaum in Betracht. Früher war das in großem Umfang der Fall. Der Bodenerosion versuchte man durch enge Terrassierung der Hänge zu begegnen. Heute sind diese Areale entweder aufgeforstet oder „vergrünlandet". Der große Anteil von Fichten bei der Aufforstung ist wegen der Windwurfanfälligkeit der Flachwurzler auf den nicht tiefgründigen Böden von Nachteil. Außerdem macht sich der relativ hohe Nährstoffgehalt der Basaltböden unangenehm bemerkbar, weil er zur Kernfäule der Fichten beiträgt.

Die Hochlagen des Vogelsberges sind heute bewaldet. Hier herrschen ebenfalls lößlehmhaltige Schuttdecken vor, die wegen der hohen Niederschläge staunasse Parabraunerden oder Pseudogleye tragen. An vielen Stellen liegt auch hier Laacher Bimstuff mit Braunerden, die ein sehr lockeres Gefüge aufweisen *(Lockerbraunerden)*. Auf manchen Arealen hat mittelalterliche Ackernutzung, die wegen der damaligen günstigeren Klimabedingungen auch in diesen Hochlagen möglich war, deutliche Erosionsschäden hinterlassen. Oft fehlen die Oberböden komplett. Diese Standortverschlechterungen machen sich in einer Minderung der Bonität der Forstbestände bemerkbar. Auf solchen Standorten sind die Bäume offensichtlich auch gegenüber den „neuartigen Waldschäden" anfälliger.

Literatur zu 6.3: Schenk 1974; Bibus 1975; Schrader 1983.

6.4 Die südbrasilianische Basaltlandschaft

Die Vogelsberglandschaft wurde als Beispiel einer alten (tertiären) Vulkanlandschaft in Mitteleuropa angeführt. Ihr Landschaftshaushalt ist heute wesentlich durch die periglaziale Überformung während des Pleistozäns bestimmt. Mit der Basaltlandschaft Südbrasiliens wird eine alte (kretazische bis alttertiäre) Vulkanlandschaft vorgestellt, der solche periglaziale Überformung fehlt. Relief, Gestein und Boden unterstanden seit dem Erlöschen der vulkanischen Tätigkeit tropisch-subtropischen Klimabedingungen. Die Trappdeckenlandschaften des indischen Dekkan-Hochlandes und des äthiopischen Hochlandes sind vulkanisch ähnlich strukturiert.

Die Hauptphasen der Förderung der riesigen basaltischen Deckenergüsse in Brasilien gehören in die späte Kreidezeit, als der Gondwana-Kontinent zu zerbrechen begann und unter anderem Südamerika von Afrika getrennt wurde. Ähnliche Basaltvorkommen wie in Südbrasilien sind an der anderen Atlantikküste im nördlichen Namibia zu finden. In Südbrasilien sind große Teile der Basaltdecken später abgetragen worden, so daß heute in den küstennahen Teilen das Liegende freigelegt ist. Nur nördlich Porto Alegre erreichen die Basalte noch den Atlantik. Daß auch die anderen Gebiete früher von Basalt bedeckt waren, ist unschwer mit Hilfe der zahlreichen alten Förderschlote zu erkennen, die als Basaltkuppen heute im Kristallin und in dem paläozoisch-mesozoischen Deckgebirge über ihre Umgebung aufragen (Abb. 10). Selbst noch bei recht steilen Hängen werden diese Kuppen bevorzugt ackerbaulich genutzt, denn sie tragen basaltische Rotlehme, die eine bessere Basenversorgung und ein günstigerer, ausgeglichenerer Wasserhaushalt auszeichnet als die basenarmen Parabraunerden (Acrisole) auf den benachbarten sauren Graniten oder paläozoischen Sedimenten.

In der hier noch weitgehend praktizierten Feldwechselwirtschaft oder Feld-Wald-Wechselwirtschaft (shifting cultivation) fallen die Basaltrotlehme dadurch auf, daß sie im ersten Fall eine deutlich geringere Brachezeit, im zweiten Fall eine kürzere Waldperiode nach Erschöpfung des Bodens zwecks Regenerierung benötigen.

Für Nutzungsfragen ist dabei die über die eigentlichen Basaltvorkommen weit hinausgehende Verbreitung der Rotlehme sehr bedeutsam. Zwar wurden die Rotlehme nicht durch periglaziale Vorgänge über die Hänge verbreitet, doch wirkte auch hier die pleistozäne Materialverlagerung, die schon aus anderen tropischen Gebieten als hill wash beschrieben wurde. Die Abb. 42 zeigt, wie solche aus Basaltrotlehm bestehenden Decklehme eine beträchtliche Strecke hangabwärts transportiert wurden und erst im Talboden liegen blieben. In den Rotlehm-Sedimenten eingeschaltete humose Oberböden erlauben ^{14}C-Datierungen, die in der Regel jungpleistozäne Alter ergeben und somit die Annahme nahelegen, daß auch in diesen Gebieten durch arideres Klima im Jungpleistozän die Vegetation so stark aufgelichtet wurde, daß kräftige Bodenverspülungen stattfinden konnten.

Während des Holozäns bildeten sich keine Rotlehme mehr. Sie fehlen generell in bestimmten Gebieten der geschlossenen Basaltlandschaft. Je weiter man nach Süden oder in größere Meereshöhe, also jeweils in kältere Gebiete kommt, desto mehr bestimmen braune Bodenfarben die Landschaft. Rotlehme dominieren auf den an sich wegen ihres hohen Eisengehalts zur Rotverwitterung tendierenden Basalten im nördlichen Paranã und im südwestlichen Teil des Staates São Paulo. Die sehr tiefgründigen Böden gliedern sich in einen oberen Teil, den eigentlichen Rotlehm, und den darunter folgenden Gesteinsersatz, der oft erst in 10 bis 20 Meter Tiefe in den unverwitterten Basalt übergeht. Im Vergleich zu den Böden aus anderen Gesteinen enthält der Rotlehm in diesem Gebiet immer noch

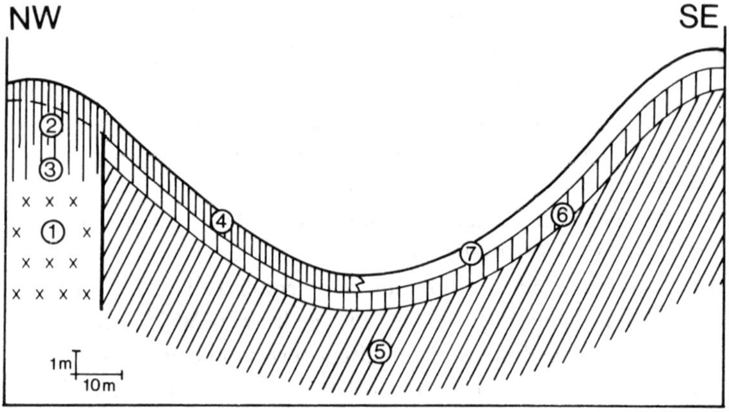

Abb. 42: Verbreitung von Rotlehmdecken in einer südbrasilianischen Mulde.

Auf dem Basalt (1) ist Rotlehm (2) mit tiefgründigem Zersatz (3) entwickelt. Von hier aus überwanderte eine Decke von Basalt-Rotlehm (4) den hangabwärts anstehenden Schiefer (5) bis zum Muldentiefsten. Auf der anderen (basaltfreien) Hangseite liegt über Schiefer und Zersatz (6) ein hellbrauner Decklehm (7) (nach Veit, H., und H. Veit [1985]: Relief, Gestein und Boden im Gebiet von Conceição dos Correias [Süd-Brasilien]. Frankf. geowiss. Arb., D5; 98 S., Frankfurt a. M.).

deutliche Anteile von Erdalkalien (Ca, Mg), ist also noch basenhaltig. Neben dem Tonmineral Kaolinit, das die Ertragsfähigkeit der Böden herabsetzt, kommt Vermiculit vor, ein Tonmineral, das die Ertragsfähigkeit erhöht. So überrascht es nicht, daß diese Rotlehme die Standardgebiete des hinsichtlich des Bodens anspruchsvollen Kaffeeanbaus sind. Von besonderer Bedeutung ist auch die hervorragende physikalische Bodenstruktur. Das gut geflockte Eisen gibt dem Boden trotz seines hohen Tongehaltes ein körniges Gefüge, das die hohen Niederschläge dieser immerfeuchten Subtropen ohne Staunässebildung verkraftet.

Trotz der guten Durchlässigkeit der Böden kommt es bei Starkregen dennoch zu sehr starkem Oberflächenabfluß, der mit teilweise verheerender Bodenerosion einhergeht. Die riesigen Felder, die heute die Landschaft an Stelle des früheren Waldes einnehmen, fördern die Bodenerosion. Als Gegenmaßnahme sind vielerorts isohypsenparallele Furchen gezogen, die den Wasserabfluß auf den langgestreckten Hängen unterbrechen. Solche langgestreckten Hänge kennzeichnen oft die Trappdecken-Landschaft, da sich das Relief an die einzelnen Basaltlagen anlehnt. In größerem Umfang findet zum Schutz gegen die Bodenerosion auch Direktsaat Anwendung. Der Boden wird nicht mehr gepflügt und möglichst nicht unbedeckt gehalten. Für die erforderliche Unkrautbekämpfung werden dann chemische Mittel eingesetzt, deren schädliche Umweltauswirkungen in Kauf genommen werden.

Die Kaffeeanbaufläche ist mit den Frosteinbrüchen, die sich seit 1975 gehäuft haben, zugunsten von Soja, Weizen, Reis und Zuckerrohr erheblich eingeschränkt worden. Möglicherweise hat das häufigere weite Vordringen von Kaltluft nach Norden seine Ursache in der immer mehr um sich greifenden Rodung der Waldbestände, die sonst zumindest im bodennahen Bereich einer starken Abkühlung entgegenwirken.

Nach Süden hin werden die Rotlehme von braunen Decklehmen überlagert und schließlich kommen etwa in der Umgebung von Palmas im südlichsten Paranã nur noch Braunlehme vor. Sie zeigen eine ähnliche Verwitterungsintensität wie die Rotlehme. Wahrscheinlich waren hier die Temperaturen im jüngeren Tertiär und auch im Quartär zu niedrig, als daß sich Rotlehme hätten bilden können. Auffassungen, für die Rotlehmentwicklungen sei ein Wechsel von feuchten und trockenen Jahreszeiten erforderlich, und weil der hier fehle, fehlten auch die Rotlehme, sind wohl als zweifelhaft anzusehen in Anbetracht der Tatsache, daß in den weiter nördlich und tiefer liegenden Gebieten, in denen Rotlehme verbreitet sind, ja ein solcher Wechsel ebenfalls nicht gegeben ist.

Im östlichen Teil des Plateaus von Palmas kommen zwar rote Böden vor, doch stammen diese Farben von rötlichen Tuffen ab, die hier im basaleren Teil der Basaltdecken des öfteren zu finden sind. Sie werden von Basaltstielen durchsetzt, die als Kuppen herauspräpariert sind. Es ergibt sich dann das auf Abb. 43 dargestellte Bild: Auf den steileren Hängen der Basaltkuppen sind sehr flachgründige Ranker entwickelt, die keinen Baumbestand tragen und als natür-

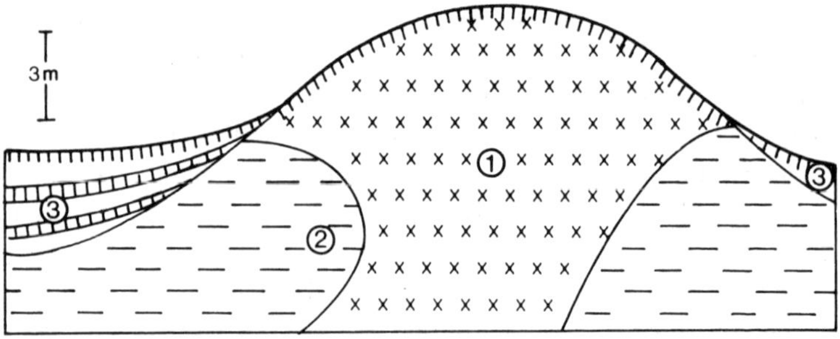

Abb. 43: Bodenverbreitung auf einer Basaltkuppe auf dem Plateau von Palmas (Südbrasilien).

1 = Basaltstiel; 2 = roter Basalttuff; 3 = pleistozäne Braunlehm-Sedimente mit fossilen Ah-Horizonten.

liches Grasland angesehen werden. Eine Beackerung kommt wegen der Flachgründigkeit ebenfalls nicht in Frage. In den Mulden zwischen den Kuppen liegen tiefgründige Braunlehme. Sie sind aus Decklehmen hervorgegangen, die im Jungpleistozän akkumuliert wurden. Stellenweise erfaßten die Umlagerungsvorgänge auch rote Tuffe von den Flanken der Basaltkuppen, so daß rote Böden zwischen den Braunlehmen auftauchen.

Ranker und ähnliche flachgründige Böden sind erstaunlicherweise auch im äußersten Westen der Trapp-Basalte zu finden. Das dort in der Umgebung des Rio Uruguai ausgebildete flachwellige Relief liegt in einer Meereshöhe von wenig mehr als 100 Metern. Auffallend sind gut ausgeprägte Ebenen im Niveau des heutigen Vorfluters (Abb. 44). Auf den flachen Hügeln herrscht Rotlehm mit tiefgründigem Zersatz vor, der als Acker genutzt wird. In der Ebene wechseln dagegen Ranker, Vertisole und Lateritkrusten. Die Laterite repräsentieren ein etwas älteres und höher gelegenes Ebenen-Niveau und einen damit verbundenen Grundwasserspiegel, in dessen Schwankungsbereich die eisenreichen Laterite entstanden. Die Laterite bilden kleine Stufen in der Ebene. Oberhalb davon kommt frischer Basalt mit Rankern an die Oberfläche, unterhalb davon sind flach- bis mittelgründige Vertisole entwickelt. Ihr Vorkommen überrascht in dem nahezu immerfeuchten Gebiet. Jedoch sind zwei

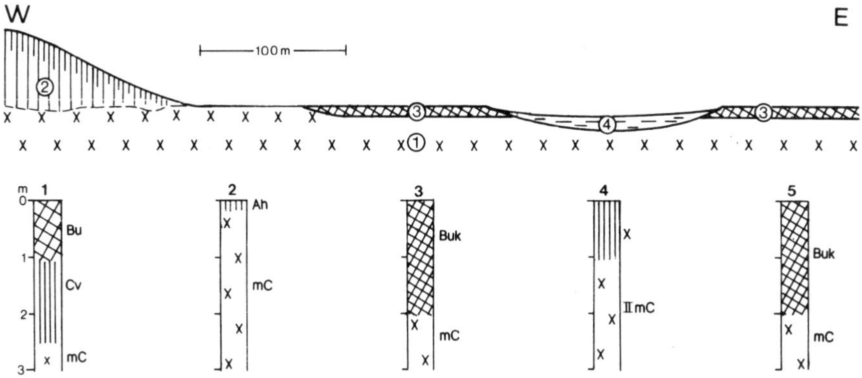

Abb. 44: Relief und Böden bei São Borja, Rio Grande do Sul.

Es bedeuten im oberen Profilschnitt:
1 = Basalt; 2 = Basaltersatz mit Rotlehmdecke; 3 = Lateritkruste; 4 = Kolluvium.
Es bedeuten in den Bodenprofil-Säulen:
1 = Rotlehm (Bu) mit Zersatz (Cv) aus Basalt (mC); 2 = Ranker (Ah) aus Basalt (mC); 3 = Lateritkruste (Buk) aus Basalt (mC); 4 = Vertisol (X aus Kolluviallehm über Basalt (IImC); 5 = 3.

bis drei Monate so niederschlagsarm, daß die schon bei den Beispielen aus Afrika beschriebene Vertisoldynamik einsetzen kann. Die Vertisole werden heute vorzugsweise für Bewässerungs-Reisanbau genutzt. Die flachgründigen Ranker und Laterite sind auch hier natürliches Grasland.

Die Entwicklung dieses sehr differenzierten Bodenmosaiks läßt sich wohl so erklären, daß im Bereich des Vorfluters während des jüngeren Quartärs der Rotlehm bis auf den unverwitterten Basalt stellenweise flächenhaft ausgeräumt wurde. Die Untergrenze war durch die Grundwasseroberfläche vorgegeben. In deren Höhe hatten sich vorher stellenweise Eisenkrusten als *Grundwasserlaterite* gebildet. In jüngster Zeit, also im Holozän, entstanden in geschützteren Lagen Vertisole, an exponierterer Position wurde bisher das Rankerstadium nicht überschritten.

Literatur zu 6.4: Semmel 1986 a; Greinert und Herdt 1987.

7. WICHTIGE BODENKUNDLICHE SYMBOLE (in Anlehnung an Bodenkundliche Kartieranleitung, 3. Aufl., 1982)

7.1 Horizontsymbole

Aa = Anmoor
Ae = Auswaschungshorizont der Podsolierung
Ah = humoser mineralischer Oberboden
Al = Tonverarmungshorizont
Ap = durch regelmäßige Bodenbearbeitung geprägter Oberboden
Bb = gebänderter Horizont
Bh = durch Einwaschung von Humusstoffen angereicherter Horizont der Podsolierung
Bs = durch Einwaschung von Sesquioxiden (Fe- und Al-Oxide und -Hydroxide) angereicherter Horizont der Podsolierung
Bt = durch Einwaschung von Ton angereicherter Horizont der Parabraunerde
Bu = rötlicher eisenreicher Horizont (ferrallitisiert)
Buk = Horizont eines Laterits mit Eisenkrusten oder Eisenkonkretionen
Bv = durch Verwitterung verbraunt und verlehmt
Cc = erkennbar mit Carbonat angereicherter Horizont
Cn = mineralischer Untergrund, unverwittert
Cv = mineralischer Untergrund, schwach verwittert
lC = lockerer mineralischer Untergrund
mC = fester mineralischer Untergrund
Go = Horizont im Oxidationsbereich des Grundwassers
Gr = Horizont im Reduktionsbereich des Grundwassers
M = Kolluvium
P = mineralischer Unterboden aus Tongestein
R = Mischhorizont durch tiefgreifende Bearbeitung (Rigolen)
Sd = wasserstauender Horizont (Staunässe)

Sw = stauwasserleitender Horizont

T = mineralischer Unterboden aus dem Lösungsrückstand von Carbonatgestein

f = fossiler (begrabener) Horizont

r = überprägter (reliktischer) Horizont

II, III … = Zusatzzeichen für geologischen Schichtwechsel

7.2 Bodenartensymbole

S = Sand (0,06 bis 2 mm ∅)

U = Schluff (0,002 bis 0,06 mm ∅)

T = Ton (< 0,002 mm ∅)

L = Lehm (Gemisch von Sand, Schluff und Lehm)

s' = schwach sandig

t̄ = stark tonig

LITERATUR

Im Text selbst ist auf direkte Literaturbezüge verzichtet worden, um die Lesbarkeit zu erleichtern. Statt dessen sind am Schluß eines jeden Kapitels einige Zitate angefügt, die die jeweils spezifische Problematik eingehender abhandeln und außerdem umfangreichere Literaturhinweise enthalten. Im folgenden ist nur die jeweils am Schluß der einzelnen Kapitel angeführte Literatur bibliographiert.

Andres, W. (1989): The Central German Uplands. Catena, Suppl.-Bd. 15: 25–44, Cremlingen.

Bailey, P. K. (1983): Periglacial Geomorphology in the Kokrine-Hodzana Highlands of Alaska. Proc. IV. Int. Conf. Permafrost, Fairbanks: 34–39, Washington, D.C.

Barth, H. K. (1970): Probleme der Schichtstufenlandschaften West-Afrikas am Beispiel der Bandiagara-, Gambaga- und Mampong-Stufenländer. Tüb. geogr. Stdn., 38: 215 S., Tübingen.

Bibus, E. (1975): Eigenschaften tertiärer Flächen in der Umrahmung der nördlichen Wetterau (Taunus- und Vogelsbergrand). Z. Geomorph. N. F., Suppl.-Bd. 23: 49–61, Berlin–Stuttgart.

– (1989): The Middle Rhine Basin (Neuwied Becken) and the Lower Middle Rhine Valley. Geoöko-forum, 1: 130–135, Bensheim.

Bogaard, P. v. d., und H.-U. Schmincke (1988): Aschenlagen als quartäre Zeitmarken in Mitteleuropa. Die Geowiss., 6: 75–84, Weinheim.

Bremer, H. (1989): Allgemeine Geomorphologie. 450 S., Berlin/Stuttgart.

–, Liedtke, H., und H. Späth (1989): Geomorphology in Germany. Geoöko-forum, 1: 318 S., Bensheim a. d. Bergstraße.

Büdel, J. (1981): Klima-Geomorphologie. 2. Aufl., 304 S., Berlin–Stuttgart.

Diez, Th. (1967): Bodenkarte von Bayern 1:25000, Bl. 7931 Landsberg a. Lech, München.

– (1974): Geologische Karte von Bayern 1:25000, Bl. 7931 Landsberg a. Lech, München.

Duphorn, K. (1974): Norddeutschland und angrenzende Gebiete im Eiszeitalter. 3. Aufl., 500 S., Stuttgart.

Fischer, K. (1989): The Landforms of the German Alps and the Alpine Foreland. Catena, Suppl.-Bd. 15: 69–84, Cremlingen.

Fölster, H. (1971): Ferrallitische Böden aus sauren metamorphen Gesteinen in den feuchten und wechselfeuchten Tropen Afrikas. Gött. bodenkdl. Ber., 20: 231 S., Göttingen.

Fränzle, O. (Hrsg.) (1985): Geoökologische Umweltbewertung. Kieler geogr. Schr., 64: 123 S., Kiel.

– (1989): Landform Development and Soil Structure of the Northern Federal Republic of Germany, Their role in Groundwater Recources Management. Catena, Suppl.-Bd. 15: 95–106, Cremlingen.

Fried, G. (1984): Gestein, Relief und Boden im Buntsandstein-Odenwald. Frankf. geowiss. Arb., D 4: 201 S., Frankfurt a.M.

Fuchs, K., Gehlen, K. v., Mälzer, H., Murawski, H., und A. Semmel (Hrsg.) (1983): Plateau Uplift. 411 S., Heidelberg.

Graul, H. (1973): B. Foreland of the Alps. Eiszeitalter und Gegenwart, 23/24: 268–280, Öhringen.

Greinert, U., und H. Herdt (1987): Das Relief als geoökologischer Faktor. Geowiss. i. uns. Zeit, 5: 174–182, Weinheim a. d. Bergstr.

Illies, H. (1974): Thaphrogenesis and Plate Tectonics. Appr. to Taphrogenesis: 433–460, Stuttgart.

Jungerius, P.D. (1965): Some Aspects of the Geomorphological Significance of Soil Texture in Eastern Nigeria. Z. Geomorph., 9: 332–345, Berlin–Stuttgart.

Leser, H. (1976): Landschaftsökologie. Uni-Taschenbücher, 521: 432 S., Stuttgart.

– (1981): Geomorphologie. Das geogr. Seminar: 216 S., Braunschweig.

Liedtke, H. (1981): Die nordischen Vereisungen in Mitteleuropa. Forsch. deutsch. Landeskde., 204, 2. Aufl.: 307 S., Trier.

Louis, H., und Fischer, K. (1979): Allgemeine Geomorphologie. 815 S., Berlin.

Machatschek, F. (1973): Geomorphologie. 10. Aufl., bearb. von H. Graul und C. Rathjens, 256 S., Stuttgart.

Mensching, H. (1980): Breitet sich die Wüste aus? Desertifikation in der Sahelzone Afrikas. Geoökodyn., 1: 23–36, Darmstadt.

Mohr, P.A. (1971): The Geology of Ethiopia. 268 S., Addis Abeba.

Mosimann, Th. (1983): Geoökologische Studien in der Subarktis und den Zentralalpen. Geogr. Rdsch., 35: 222–228, Braunschweig.

Ohlson, B. (1964): Frostaktivität, Verwitterung und Bodenbildung in den Feldgegenden von Enontekiö, Finnisch-Lappland. Fennia, 89, N. 03: 180 S., Helsinki.

Pfeffer, K.-H. (1978): Karstmorphologie. Ertr. Forsch., 79: 131 S., Darmstadt.
Picard, K. (1962): Gletscherrandlagen im Westen von Schleswig-Holstein. N. Jb. Geol. Paläont. Mh. 1962: 273–284, Stuttgart.
Priesnitz, K. (1981): Fußflächen und Täler in der Arktis NW-Kanadas. Polarforsch., 51: 145–159, Münster i. W.
Pyritz, E. (1972): Binnendünen und Flugsandebenen im Niedersächsischen Tiefland. Gött. geogr. Abh., 61: 153 S., Göttingen.
Roeschmann, G. (1974): Die Entstehung der Böden. In: Duphorn, K.: 376–403, Stuttgart.
Rohdenburg, H. (1969): Hangpedimentation und Klimawechsel als wichtigste Faktoren der Flächen- und Stufenbildung in den wechselfeuchten Tropen an Beispielen aus Westafrika, besonders aus dem Schichtstufenland SE-Nigerias. Gött. bodenkdl. Ber., 10: 57–152, Göttingen.
– (1971): Einführung in die klimagenetische Geomorphologie: 350 S., Gießen.
– (1983): Beiträge zur allgemeinen Geomorphologie der Tropen und Subtropen. Catena, 10: 393–438, Braunschweig.
Schenk, E. (1974): Die Fortsetzung des Rheingrabens durch Hessen. Appr. to taphrogenesis: 286–302, Stuttgart.
Schönenberg, R. (1975): Die Entstehung der Kontinente und Ozeane in heutiger Sicht. 351 S., Darmstadt.
Schrader, L. (1983): Bodenkarte von Hessen 1:25000, Bl. 5519 Hungen, Wiesbaden.
Semmel, A. (1969): Verwitterungs- und Abtragungserscheinungen in rezenten Periglazialgebieten (Lappland und Spitzbergen). Würzb. geogr. Arb., 26: 82 S., Würzburg.
– (1981): Landschaftsnutzung unter geowissenschaftlichen Aspekten in Mitteleuropa. Frankf. geowiss. Arb., 2: 83 S., Frankfurt a. M.
– (1982): Catenen der feuchten Tropen und Fragen ihrer geomorphologischen Deutung. Catena, Suppl.-Bd. 2: 123–140, Braunschweig.
– (1983): Grundzüge der Bodengeographie. 2. Aufl., 123 S., Stuttgart.
– (1984): Geomorphologie der Bundesrepublik Deutschland. 4. Aufl., Erdkdl. Wissen, 30: 192 S., Stuttgart.
– (1985): Periglazialmorphologie. Ertr. Forsch., 231: 116 S., Darmstadt.
– (1986): Angewandte konventionelle Geomorphologie, Beispiele aus Mitteleuropa und Afrika. Frankf. geowiss. Arb., D 6: 114 S., Frankfurt a. M.
– (1986 a): Geomorphologische Aspekte der Landschaftsnutzung in Süd-Brasilien. Heidelb. geowiss. Abh., 6: 433–455, Heidelberg.

Semmel, A. (1987): Reliefgeschichte und Desertifikation am Nordrand der westlichen Sahara. Geogr. Rdsch., Jg. 39: 429–434, Braunschweig.
– (1987 a): Periglaziale Formung im nordwestlichen Kanada. Gött. geogr. Abh., 84: 91–107, Göttingen.
Tazieff, H. (1974): Vulkanismus und Kontinentwanderung. 112 S., Stuttgart.
Wirthmann, A. (1987): Geomorphologie der Tropen. Ertr. Forsch., 248: 222 S., Darmstadt.
Wolde-Mariam, M. (1972): An Introductory Geography of Ethiopia. 215 S., Addis Abeba.
Wurster, P. (1965): Das Heilbronner Bergland. Jh. geol. Land.-Amt Bad.-Wttbg., 7: 441–461, Freiburg i. Br.

REGISTER

Abfalldeponien 7
Abisko 77
Absenktrichter 47. 83. 123
Abtragungsebene 36ff. 42. 50. 53
Abwasserentsorgung 81. 85. 98
Achterstufe 5
Ackerbraunerde 103
Acrisol 40. 48. 127
Ah-C-Böden 11
Algerien 31
Alleröd-Interstadial 118f.
Alt-Endmoräne 101
Altfläche 46
Aluminiumoxide 21. 39
Amphibolite 77
Andenvulkane 110
Andesit 110
Anmoore 87. 98. 123
Antike 63
Antiklinale 3
Aquifer 67
Arenosols 28
Asande-Schwelle 17
Aschen 110
äthiopisches Hochland 69. 114. 126
Ätna 110
Atakora-Bergland 67
Auenlehme 124
Aufschotterung 56ff.
Aufstauungen 46
Ausbimsen 119
auskoffern 81
Auslieger 5
Ausräumungslandschaft (glaziale) 75
Ausraumzone 20ff. 42
Aw-Klima 19
Awash 111

Bänderparabraunerde 87. 89. 92f. 97. 102
Basalt 67. 110. 113ff. 120. 121ff. 127
-stiele 124. 129
-zersatz 121. 125
Basensättigung 20. 23. 43. 49. 92f. 115. 123. 125. 127
Basislandterrasse 25
Baugründungen 14. 35. 86
Baumwolle 45. 113
Baustandorte 65. 81
Bauvorhaben 7. 14. 86
Beckentone 81. 97
Bellersheimer Horst 120f.
Benin 67
Benue-Grabensystem 17
Beregnung, künstliche 18f.
Bergschrund 70
Bergsturz 70f.
Bestandesabfall 93
Bewässerungs-Reis-Anbau 20. 131
Bewässerungswirtschaft 32. 46. 115
Biber (Eiszeit) 74
Bimstuff 119. 122. 126
Blasensandstein 14
Blockhalden 29f. 34
Blockmeere 33

Bodenbildung, interglazial 92. 102. 104f.
Bodenerosion 9ff. 20. 23ff. 40ff. 52ff. 58. 63. 82ff. 85. 98. 100. 103ff. 108. 121. 123. 125f. 128
Bodensackungen 35. 124
Bodensee 96
Bodenwasserbewegung 49
Böden, fossil 115
Böden, reliktisch 115
Borealklima 33
Bornhardts 44
Brachen 20f. 43. 127
Brandenburg 79
Brandenburger Stadium 84
Braunerden 8ff. 18. 21f. 26. 29. 49. 82. 87. 126
Braunerde-Pelosol 20
Braunkohle 120. 122. 124
Braunlehme 11f. 31. 50. 129f.
Bruchstufe 45ff. 54
Bruchtektonik 46
Buntsandstein 7. 15
Burkina Faso 67

Calcium-Versorgung 12
Calderen 118
Cambisol 49
campo limpo 28
Chaine de Gobnangou 67
Cockpits 65

Dalton-Highway 60
Dambos 42
Danakilwüste 112
Dauerfeldbau 20. 48f.
Dauerfrostboden 35. 56. 77
Dauerfrostinseln 78
Deckenergüsse 126
Deckenschotter 95. 106
Deckgebirge 25. 60. 63. 126
Decklehm 20ff. 25. 39ff. 49. 127
Deflation 94
Dekkan-Hochland 126
Dellen 9ff. 27. 93. 103f. 108. 121
Deltasystem 17
Denudation 36. 92
Denudationsbasis 3. 36
Deponieabwässer 54
Deponienutzung 54. 58. 95. 100. 102. 125
Diagenese 18
Diapire 79
Diorit 48f. 110
Direktsaat 129
Dolinen 12. 27f. 62ff. 67
Dolomit 65
Donau (Eiszeit) 74
Drenthe (Eiszeit) 74. 79. 89
Drumlins 71

Ebenen, intramontane 42
edaphisch 100
Eem (Warmzeit) 74
Einsturzdolinen 27. 62
Einzugsgebiet 3. 77. 123
Eisdruck 69ff. 82
Eisenerz, lateritisch 125
Eisenkrusten 18f. 39ff. 131
Eisenoxide 39. 21
Eiskeile 35. 56. 104
Eiskeil-Pseudomorphosen 34. 77
Eiskeil-Pseudomorphosen, synsedimentär 56
Eislinsen 35
Eismächtigkeit 70
Eisströme 96
Eiszeit, letzte 73. 79ff. 89. 104. 118
Elster (Eiszeit) 89
Endmoränen 70ff. 79. 84ff.

endorhëisch 111
Energiegewinnung 46f. 113. 122
Entkalkungstiefe 11. 82. 106
Entwaldung 71
Enugu 17
Erdalkalien 128
Erdbeben 112f.
Erdfälle 62. 77
Erg 30. 113. 115
Ergußgesteine 110
Erosionsgefährdung 9. 49. 100
Erze 55
erzgebirgisch 58
Erzgruben 125
Erzlagerstätten 39. 42
Eutrophierungsgefahr 49. 83. 85. 98
Evaporite 84
Explosionskrater 112

FAO-Systematik 28
Feldkapazität 12. 87. 93. 98
Feldwechselwirtschaft 20ff. 127
Felsburgen 60
Ferralsols 18
Feuchtökotop 9. 81. 122
Feuchtsavanne 20
Feuchtwald, primär 18. 25
Fichten-Standort 16f.
Filterwirkung 102
Finger Mountains 60
Firn 69
Firnzufuhr 70
First 22. 27
Flächenbildung, aride 50
Flächenbildung, periglaziale 60f.
Flächenreste 52. 121
Flächen-Stockwerk 51
Flächenzerstörung 52
Fleckenhorizont 39ff.
Fließerdeterrassen 35. 60f.
Flußmäander 58
Förden 80
Förderschlote 120. 124. 126
Formenkonvergenz 33
Frankfurter Stadium 84
Fremdenverkehr 81
Fremdtuffe 117
Frittung 115
Frontstufe 5
Frosthebung 78
Frostmusterböden 35. 60f. 78
Frostrisse 35
Frostschuttzone 34. 52. 61
Frostverwitterung 34
Fulda-Werra-Gebiet 65
Furnas-Sandstein 25f.
Fußflächen 31. 37

Gabbro 40. 110
Gebirgsbildung, kaledonische 76
Geest 89. 91f.
-platte 93
Geschiebe 81
-decksand 91. 93
-mergel 81ff. 91ff. 97. 100. 104. 106
Gesteinszersatz, isomorpher 38
Geysire 112f.
Gipsgestein 6. 13. 65
Gipskarst 65. 67
Gipskeuper 15
Glasproduktion 54
Glaziale Serie 71. 73f. 89
Glazialzyklen 74
Gletscher 69ff. 77. 81ff. 91ff.
-eis 69
-erosion 79
-loben 71
Gley 20. 87. 97f. 103. 122

Gley-Schwarzerden 122
Golf von Aden 111
Gondwana-Kontinent 126
Gorleben 79
Grabensystem, afrikanisches 111
Gräben (tektonische) 111. 119f.
Granit 40. 60. 110. 127
Graulehme 51
Grundgebirge 7. 25. 51. 60
Grundhöcker 49
Grundmoräne 70. 72f. 77. 81ff. 97
Grundwasser-Kontamination 7. 54. 58. 82ff. 95. 100. 106
Grundwasser, solehaltiges 84
-anreicherung 3. 54
-laterite 94. 131
-leiter 67. 94
-oberfläche 46. 81. 93
-spende 24. 46f. 53. 106
-spiegel, Absenkungen 47. 81. 83. 103. 122. 124
Grusböden 48
Gülle 53
Günz (Eiszeit) 74. 107

Halbwüsten 29
Hamada 29. 113
Hamburg 75
Hängetäler 70
Hanginstabilität 14
Harar 23
Härte, morphologische 3. 36
Härtlingszüge 25. 53
Heilbronner Bergland 17
Heilquellen 124
hillwash 20ff. 25. 39. 127
Hirse 30. 48
Hochdeponie 53
Hochfläche 25. 60
Hochmoorbildung 9
Hochterrasse 93. 106
Hochwässer 13. 47
Hochwassergefährdung 13. 53
Höhlen 62. 125
Holstein (Warmzeit) 74
Holstein'sche Schweiz 85
Homboriberge 30
Horloff-Aue 122ff.
Horloff-Graben 121. 124
Horste 120ff.
Humic Arenosols 28
Hunsrück 53
Hydrosphäre 75
hydrothermal 51
hygrophytisch 28

Iller 96
Inlandeis 76. 79
Inselberge 44ff.
Insolationsverwitterung 45
Interflow 53. 93
Interglazial 50. 74
-boden 102. 106f.
Interstadiale 74
Intrusionen 60
Isar-Loisach-Gletscher 97
Island 111. 113
Itarare-Serie 28f.

Japanischer Inselbogen 110
Jung-Endmoräne 101. 106
Jura 7. 23

Kaffeeanbau 128
Kalkalpen 95
Kalkkrusten 31
Kalklösung 13
Kalksteinbraunlehme 12f. 21
Kalksteinrotlehme 12
Kalksteinstufen 12. 21

Kaltzeiten, pleistozän 8. 52. 55. 57ff. 65. 69. 73. 92. 120
Kames 72. 82
kaolinisiert 29
Kaolinit 43. 51. 115. 128
Kar 70. 76
Karbon 28
Karbonathärte 13. 67. 84
Kargletscher 76
Karren 62
Karschwelle 70
Karseen 70
Karst, bedeckter 63
–, dinarischer 63ff.
–, mediterraner 63
–, nackter 63
karstbürtig 63
Karsthydrographisches System 65. 67
Karstquellen 67
Karvergletscherung 69
Katarakte 47
Kegelkarst 65
Keramik-Produktion 29
Kernfäule 125
Keuper 6f. 17
Kiefern-Standort 17. 87. 89. 93. 100
Kiel 86
Kiesabbau 87. 100. 102. 108
Kieselsäurekrusten 31
Klamm 70
Klimakatastrophen 75
Klimaoptimum, holozänes 76. 122
Klimaphasen, aridere 20. 26. 48
Klimaxböden 11
Kolluvium 9. 23f. 86. 104f. 122f.
Konfluenz 70
Kontaktmetamorphose 115
Krautschicht 12. 35. 60
Kreidezeit 17. 126
Kristallin, präkambrisch 17
Krustenstufe 19. 48
Kryoturbation 78. 122
Kryoturbationstaschen 104. 108
Kulto-Pararendzina 11. 82

Laacher Bimstuff 117f. 122. 126
Laacher See 116f.
Lagergetreide 10. 86. 106
Landterrasse 14
Lateritisierung 22. 39. 42. 122f.
Lateritkrusten 19. 21f. 38f. 48ff. 120f. 123. 125. 130
Lateritverkarstung 41
Latosole 121
Laubwald-Standort 93. 121
Lava 110. 117. 119
-decken 111
-seen 112
Lawinen 70
Lettenkeuper 15
Lockerbraunerden 126
Lösungsdolinen 27. 62
Lösungsfähigkeit 62
Lösungsnäpfe 28
Löß 58. 96. 108. 117. 120ff.
Löß-Derivate 9ff. 103ff.
Lößsedimentation 8. 52. 57f.
Luftschadstoffe 53
Luvisol 40

Maare 117
Mäander 59
Magma 77
Magmengesteine 77
Mali 30
Maniok 20
Massenbewegungen 45
Mecklenburg 79. 87
Mediterrangebiet 63

Meeresspiegelschwankungen 51
Mehrzeitformen 6
Meilerstellung 124
Mergel 12. 17f. 20f. 31f. 84. 93. 100
Metamorphose 115
Mindel (Eiszeit) 74. 102
Mineralwässer 54. 65
Minutenböden 10
Mischungskorrosion 62
Mißernten 48
Molasse 108
Molkenböden 9. 51
Monsunregen 30
Montmorillonit 22. 43. 49. 115
Moore 78. 81. 85ff. 103. 108
Moose 108
Moräne 70
mottled clay horizon 39
Mulde, tektonische 3
Mülheim-Kärlich 116
Münchner Schotterebene 101
Muschelkalk 6f. 11ff. 22

Nagelfluh 108
Nährgebiet 70
Nährstoffangebot 43. 48. 83. 125
Nährstoff-Fixierung 104
Nanopodsole 78
Naßgley 87
Neolithikum 124
Neumünster-Sander 86f.
Ngorongoro-Krater 110
Niedermoore 98. 123
Niederterrasse 57. 95. 108
Niederwald 58
Nigeria 17
Nitratanreicherung 95

Oberrheingraben 119
Odenwald 15
Oser 72. 77. 82. 97
Ost-Äthiopien 23
Ostsee 80
Ostwanderung (der Täler) 57

Palsen 78
Parabraunerden 26. 48. 82. 85f. 92. 97. 100ff. 121f. 125. 127
Parabraunerde-Tschernosem 122
Paranã 25. 127
Pararendzina-Pelosol 10
Pararendzinen 11. 121. 123
Pediment 31. 33ff. 37
Pediplain 37
Pediplanation 37. 45
Pelosol 10
Periglazialtäler 56
Permafrost 35. 56. 61. 65. 77. 91. 109
Pflanzlöcher 32
Plaggendüngung 94
Plaggenesch 94
Plaggenkultur 94
Plaidter Hummerich 119
Plateau von Palmas 129
Platten, kontinentale 110
–, ozeanische 110
–, tektonische 110
Plutonismus 110
Podsol 7. 16. 74. 93f.
Podsolierung 54. 82. 94
Podsol-Parabraunerde 7. 94
Polar-Kreis 60
Poljen 62. 65. 67
Pommern 79
Pommersches Stadium 84
Ponore 62
Porto Alegre 126
Preußischer Bausandstein 7
Pseudogleye 9f. 16. 18. 20. 98. 125
Pultschollen 112

erung 51
ng, traditionelle (Flä-
au 85. 129
on 78
anfälligkeit 125
39. 48
97
szeit) 74. 108
den 113
k 29
sch 28

Zechsteinsalze 6. 65. 79
Zehrgebiet 70
Zentralalpen 95
Zerrüttungszonen, tektonische 46. 54
Zertalung, pleistozäne 55
Zeugenberge 5
Ziegelherstellung 97
Zuckerhut 44
Zuckerrohr 129
Zuckerrübenanbau 85
Zungenbecken 71. 80. 82ff. 93. 96ff.

Quarzgänge 39
Quarzgerölle 39
Quarzit 25. 33. 53f. 67
-züge 53
Quellungsdynamik 43

Radiocarbon-Datierung 26. 127
Ranker 129ff.
Regenfeldbau 30
Regression 18
Reibungswiderstand 45
Reis 129. 131
Reliktböden 115
Rendzinen 11ff. 22
Rentiere 35
Restberge 37. 44
Rheingletscher 96
Rheinmäander 59
Richardson Mountains 33
Riede 108
Rigolen 15. 58
Rigosol 15
Rinnenseen 76
Rio de Janeiro 44
Rio Uruguai 130
Riß (Eiszeit) 74. 106
Röt 6. 11. 13
Röt-Quarzit 10f. 14
Röt-Tonstein 7. 10. 12. 14
Rote-Meer-Graben 111
Rotlehme 23. 43. 50f. 113. 120f. 125. 127ff.
Rückschmelzstadien 77
Rumpfflächen-Stockwerke 51
Rumpfflächenmorphogenese 6. 50. 60. 120
Rumpfstufe 46ff. 54
Rundhöcker 69. 76
Rutschungsgefahr 24. 58
Rutschungsschollen 3. 14. 26

Saale (Eiszeit) 74. 89
Sahara 29f. 50
Sahel 30
Salinar-Tektonik 79
Salzauslaugung, irregulär, regulär 65
Salzböden 116
Salzsprengung 30
Salzstöcke 79. 84
Salzstreuen 14
Sander 72. 82. 86. 94f. 98. 101
-felder 85f.
Sandschwemmfächer 30
Sandstein 7. 17f. 22. 28. 33. 67
Sandstein-Stufen 7. 14. 17f. 21
São Paulo 127
Sättel, tektonische 3
Sattelfirst 3
Satzmoränen 71. 85
Säuerlinge 124
Scherfestigkeit 45
Schichteinfallen 3. 5. 7. 10. 14. 18
Schichtkamm 14. 33
Schichtvulkane 110
Schieferböden 58
Schiefergestein 22. 51. 53f.
Schiffbarmachung 47
Schildinselberge 44
Schildvulkane 58. 110. 119
Schilfsandstein 15. 17
Schliffbord 70
Schliffkehle 71
Schlucklöcher 62
Schmelzwässer, subglaziale 83
Schneegrenze 70
Schottermoräne 98. 100
Schotterterrassen 56f. 106ff.
Schrumpfungsdynamik 43. 49
Schwäbische Alb 96
Schwarzerdebildung 81. 103. 122f.

Schweden 118
Schwellengebiete, kristalline 38
Schwermetallbelastung 55
sea floor spreading 110
Sekundärkrater 110
Serir 30. 113
shifting cultivation 127
Sickerwassermenge 14
Siedlungserschließung 81
Silikatkarst 67
Skandinavien 75
Smectite 43
Sockel, afrikanischer 23
Soja 129
Solifluktionsdecken 7f. 12. 16. 23. 54. 61. 77. 125
Solifluktionsloben 35
Sölle 84
Sollingsandstein 7. 10f.
Solonez 116
Solontschak 116
Solum 43. 49. 82. 98. 121
Sommer-Ski-Tourismus 75
Speicherkapazität 13. 46
Stadiale 74
Stagnogleye 9. 51
Stalagmiten 62
Stalagtiten 62
Stammbecken 96f.
Staublehme 103
Stauchmoränen 71. 85f. 91f.
Stauchung 82
Staunässe 9. 12. 16. 18. 20. 51f. 93. 97. 103. 125. 128
Stauseen 32. 46
Steigerwald 14
Steinauffrieren 78
Steppen-Schwarzerden 122
Stockausschlag 58
Strahlungsgenuß 58
Stratovulkane 110
Stufe, Buntsandstein- 7. 15
–, distal und proximal 5
–, Jura- 7
–, Keuper- 7
–, Muschelkalk- 7
Stufenbildner 5. 7. 14. 18. 29f.
Stufenfuß 29. 33
Stufental 70
Stufentypen 54
Subduktionszonen 110
Subrosion 65f.
Sulfathärte 13. 67
Süßwasserreserve 75
Synklinale 3

Tagebau 122f.
Talbodenpedimentation 37
Täler, asymmetrisch 10. 12. 57f.
–, konsequent 5
–, obsequent 3. 11. 30
–, resequent 5. 10
–, subsequent 5. 10ff. 18
Talrichtungen 58
Talsande 87
Talsandebene 91. 94f.
Tansania 110
Taunus 53
Tell-Atlas 31
Termiten-Tätigkeit 39
Terra fusca 12
Terra fusca-Parabraunerde 12
Terrassenkultur 49
Thermokarst 35
Tiefenerosion, holozäne 57
–, pleistozäne 55ff.
Tiefengesteine 110
Tiefenvergrusung 50
Tiefseebohrkerne 73
Timbuktu 30

Tonmergelrendzinen 11
Torfgefüge 124
Torneträsk 77
Tors 60
Toteis 81. 84. 92
Touristentritt 35
Trachyt 110
-tuff 117
Tragfähigkeit 81
Trans-Alaska-Pipeline 60
Transgression 18
Trappdeckenlandschaft 129
Trapps 111. 129f.
Treene (Warmzeit) 74
Trinkwasserversorgung 13. 53. 57. 100. 124
Trockentäler 30. 65. 108
Trockentalkarst 63
Trogkante 70
Trogschulter 70
Trogtal 70f. 76
Trompetentälchen 72
Tuffe 110. 117. 124. 129f.
Tundrenklima 35
Tundrenzone 33f.
Tunneltäler 84

Übertiefungen 69f. 76
Überweidung 23. 28ff. 35. 42
Uferfiltrat 10. 83. 98
Umweltschutz 98
Urstromtal 72. 82. 89. 96. 103

Vallendarer Schotter 55
varistisch 59
Verbißschäden 23
Verbuschung 28
Verdunstungsverlust 46
Vergletscherung, pleistozäne 33. 75
Vergrünlandung 125
V
V
V
Ve
Ve
Ve
3
–, p
Verv
Vollv
Vorfl
98.
Vorlar
Vorsto
Vorzei
Vulkan
Vulkang
Vulkank
Vulkansc

Waldschä
Wärmeze
Warthe (E
Wässer, as
Wasserdur
Wasserener
Wassererscl
Wasserhaush
127
Wassersport
Wasserversor
Wasserwegsan
Wehsande 94
Weichsel (Eisz
Weinbau 15. 5
Weißlehme 51

Weißverw
Weiterbild
chen) 5
Weizenan
Winderos
Windwur
Wollsäck
Wörth-S
Würm (E
Wüstenb
Wüstenl

xerophy